365 天

媽媽牌愛心早餐

上

365天，
天天都為孩子準備早餐的獨家秘訣

365天
媽媽牌愛心早餐 上

文字・料理　多紹媽咪

Contents

PART 01　Spring

Monday

Tuesday

Summer PART 02

Prologue

獻給賜予我暱稱「多紹媽咪」的兩個女兒，
讓我365天日日勤奮準備早餐

我的原動力、我的兩個女兒

　　揹著比自己身形龐大的包包，步履蹣跚地趕往幼兒園的日子，仍像是昨日一般，然而如今孩子們的身高都已經超過媽媽了。為孩子們準備早餐至今，不知不覺已過了十多個年頭。每天一早笑容滿面地大喊「我上學去囉！」的孩子，如今只是簡短地說聲「我上學去了」，帶著眼下深深的黑眼圈，轉身無精打采地走向玄關。

　　一旦孩子上了小學，轉眼間就變成國中生、高中生。時間怎麼過得這麼快呢？在我看來，還只是令人不放心的小丫頭，上學時間卻比小學時要早了近一個小時，大女兒因為參加晚自習，直到深夜才能見上面。看著如此辛苦的孩子們，做母親的總是感到不捨與虧欠。

　　「體力就是學習力」，這種看似誇大的說法，其實所言不假。現代的孩子，除了每天一早的綜合營養素、晚餐媽媽準備的各種果汁，睡前還得皺著眉頭被迫喝下一匙紅蔘精華液。

　　儘管為了提高孩子的體力，有的父母甚至準備各種保健食品給孩子吃，但是卻有不少孩子以想多睡一會兒、沒有胃口等理由，忽略了真正重要的早餐。

不吃早餐便上學,那麼直到午餐時間以前,孩子都必須忍著肚子餓空腹上課。即使是大人,錯過任何一餐都會導致注意力下降、無法打起精神,何況是需要消耗大量能量的孩子,更是痛苦的折磨。其實沒吃早餐,腦中的血糖快速降低,可能產生學習能力低落的問題。若各位讀過「早餐應以蛋白質與脂肪為主,充分攝取熱量」的相關報導,將更能體會早餐的重要性。

　　幸好,我家的孩子們都養成了不能不吃早餐的習性。

　　以前我對孩子們不吃早餐相當憂心,後來買了餐盤想改善孩子輕微的偏食習慣,並且每天將當天的早餐拍照上傳至部落格,引起許多媽媽的共鳴與關注。有的媽媽對總是準備類似的早餐而感到相當抱歉;有的則坦言自己用心為孩子準備早餐,孩子卻不怎麼吃,因此大受打擊;也有的不知道該怎麼做,才能讓孩子規規矩矩地吃完早餐……

　　讓孩子乖乖吃早餐的秘訣,就是讓孩子養成吃早餐的習慣。習慣應從小訓練,如果現在孩子年紀還不算大,那麼就從現在起,一步步陪著孩子適應吧!

對於不習慣吃早餐的孩子，一下子準備一桌滿滿的料理，可能會造成孩子的負擔。建議最初先從一杯牛奶或豆漿開始，等到孩子適應後，再稍微混合玉米片。再來可以嘗試加入一兩片水果，並在某天減少玉米片的份量，改以一片吐司代替，藉此營造適合吃早餐的環境。早餐時間我也會在廚房播放孩子喜歡的歌曲，如此一來，孩子心情愉快，吃早餐的同時，還會跟著哼上幾句呢！

在早餐餐桌上，不僅是一天中唯一一餐與孩子面對面吃飯的時間，也是可以傾聽孩子在學校發生的大小事的珍貴時間，我的女兒總是毫無保留地向我訴說關於成績、男朋友、學校朋友的困擾。當然，每天一早準備菜單不重複的早餐，對我來說並不是一件容易的事。我相信媽媽每天少睡20～30分鐘，用心良苦準備出來的充滿愛心的家常菜，對辛苦念書的孩子會是效果最好的營養品。因此再怎麼辛苦，我的身體也會在鬧鐘響起前自動起床。

本書匯集了過去10年來，我在張羅孩子早餐時的各種秘訣。除了區分春夏秋冬四季，善用當季食材所設計的刺激孩子味蕾的料理外，也準備了讓孩子討厭的料理變美味的秘訣、盡可能兼具五大營養素的食譜。尤其將餐點盛裝在餐盤上，是為了快速掌握孩子喜歡的食物和討厭的食物，藉此斟酌準備的份量而嘗試的方法，得到不少媽媽們的好評，因此本書也嘗試利用餐盤組合準備料理。

如果手藝生疏，準備料理需要花較長時間，不妨前一晚預先準備好。因為是組合餐，最好先標記好料理的順序，方可不慌不忙地準備

2～3道的料理，並節省許多時間。

　　本書並非計較營養價值，以孩子不肯食用的調理方法或食材、不易取得的食材編寫而成的書，而是收錄各種獨家秘訣，即便明天早餐就要派上用場，也能端出刺激孩子胃口，讓孩子活力充沛的營養早餐。期望這樣一本書，能獲得廣大媽媽們的認同。

　　最後，要對讓我卸下本名柳京娥，改以多媛（音譯）媽咪、紹媛（音譯）媽咪，也就是以「多紹媽咪」的暱稱登場……

　　我因為各種忙碌的行程，通常到了深夜才能闔眼，即使如此，每天清晨又比鬧鐘響鈴起得早。看著這樣的我，她們總擔心地說：「媽媽你不累嗎？我們簡單吃個麵包就出門也沒關係的。」媽媽很感謝你們，變得這麼溫柔體貼，懂得說這樣讓人窩心的話。

　　其實偶爾我也會對張羅早餐感到厭煩、勞累，但是我是媽媽呀。
　　「媽媽做的飯，是世界上最美味的。」為了你們這句話，我已準備好隨時穿上圍裙、綁好裙帶，奔向廚房。

　　未來你們也會為人母親，希望你們屆時回想現在的生活，一邊為討人喜愛的孩子準備美味的早餐……

　　天天都愛你們喔，我們孩子們……

2014年8月　某日於廚房準備早餐中

為孩子準備早餐的
媽媽牌廚房

早餐食材份量這樣計算

本書料理皆以2人份為標準製作（份量超過時，將另外標註。）

- 為了料理出接近書中菜餚的滋味，請盡可能使用測量工具。
- 即使不擅長料理，也能輕鬆跟著本書的食譜一起做。

| 1大匙（15ml） | 1小匙（5ml） | 1杯（200ml） | 1/2杯（100ml） |

【何謂少許】

- 標註加入少許鹽或胡椒粉時，即指大拇指與食指抓取的量。
- 材料份量以粗體字標註時（如醬料、沙拉醬），將食材混合使用即可。

提前規劃好菜單，減輕當天的煩惱

　　每天晚上，您是否都在煩惱隔天早餐要煮什麼？即使是喜歡料理、經常動手料理的我，臨時要在前一天晚上決定隔天菜單，也會大喊吃不消。再怎麼麻煩，也請先事先寫好一週或是一個月的菜單，貼在廚房。如此一來，不僅上菜市場變得更輕鬆，也不必每天晚上傷透腦筋，自然減輕準備早餐的壓力。原則上依照規劃好的菜單執行，不過也可以視情況或家中食材的多寡，臨時更換菜單，藉此培養臨機應變的能力。此時，應盡可能利用當季食材，並多發揮為人母的獨門訣竅，將孩子們不太吃的食物變成一道道美味佳餚，這才是真正獨一無二的菜單，不是嗎？

　　本書分上、下兩冊將四個季節的菜單，分為各個單元加以介紹。其中較容易消化且吃得無負擔的料理，以紅字特別強調，在孩子睡眠不足、壓力較大的考試期間，不妨準備這些料理。

準 備 重 點

Monday
週日晚間只要多花點時間，星期一早上就能料理出豐盛的早餐。請準備以配菜、白飯、湯品為主的料理。

Tuesday
速食產品因為含有各種添加物而讓忙碌的媽媽們覺得抱歉，卻又因為方便且深受孩子的喜愛，而常使用。善用各種調理方法與一些小技巧，速食產品也可以變身為健康的早餐料理。

Wednesday
進入一週正中間的星期三！孩子們這一天也期待著某些新奇的菜色。請試著以三明治、年糕、湯品、粥等料理，取代米飯。然而湯品與粥不容易產生飽足感，最好再搭配麵包或水果、沙拉等。

Thursday
請準備不必太多配菜，也不需要大費周章，就能輕鬆上菜的單盤料理。這天只準備孩子食用方便，媽媽也準備輕鬆的菜單。

Friday
黑眼圈已經跑到鼻子的每週最後一天。為了吵著已經無力拿起湯匙的孩子，特別準備像一口食一樣，容易且方便食用的料理。

COOKING Scheduler

Monday	Tuesday	Wednesday	Thursday	Friday

三明治日！！

Monday	Tuesday	Wednesday	Thursday	Friday
蘆筍炒培根 芙蓉蒸蛋 韭菜櫛瓜煎餅 泡菜	漢堡排蓋飯 泡菜 水果	泡菜熱狗堡 柳橙汁	韭菜牛肉拌飯 消豆腐海鮮湯	鮪魚海苔一口飯丸 牛蒡大醬湯 水果
煎德式香腸 醬佐泥蚶 泡菜豆渣湯	泡菜鮪魚石鍋飯 牛肉黃豆芽湯	貝果三明治 大蒜濃湯 水果	焗烤鮮蔬炒飯 玉米沙拉 水果	鮪魚咖哩飯煎餅 鮮蝦沙拉 水果
炒銀魚乾 魷魚韭菜煎餅 魚子蛋花湯 泡菜	火腿肉蛋捲 蛤蜊湯 水果	烤牛肉三明治 草莓沙拉 豆漿	香辣滑蛋蓋飯 辣醬拌莧菜 水果	菜包牛蒡牛肉飯 春白菜韓式味噌醬湯 水果
速成雜菜冬粉 醬燒魚板 蔓越莓雞肉沙拉 腰子貝海帶湯	豬排丼飯 泡菜 水果	培根蛋吐司 起司沙拉 草莓優格	鮪魚炒飯 涼拌珠蔥黃豆芽 水果	乾拌菜飯捲 泥蚶湯

媽媽牌廚房中不可或缺的食材

● **當季水果**

　　對於不常曬太陽，運動量也不夠的孩子，沒有比當季水果更能補充維生素的食物了。請培養孩子在早餐後吃水果的習慣。如果孩子不太吃水果，不妨將水果切小塊放入沙拉中，或是打成果汁，也可以和優格攪拌一起吃。

● **蔬菜三劍客**

　　在安排好菜單後，雖然應盡可能購買當季蔬菜，不過一整年都可以在市場上買到的，當然就是馬鈴薯、洋蔥和紅蘿蔔吧！早上較忙碌時，不但可以變出炒飯、飯丸、義大利麵、煎餅，就算只是拌在一起，也可以立刻成為一道料理。

● **生菜沙拉**

　　忙碌的早晨，還能端出生菜沙拉？

　　近來混合各種蔬菜的綜合蔬菜，在超市就能輕鬆買到。泡過冷水，提高蔬菜的新鮮度後，以沙拉脫水器瀝乾水分，再放上喜歡的水果或堅果類、起司、炸物等，最後淋上沙拉醬，就能輕鬆完成生菜沙拉。因此，請多將冰箱的蔬果櫃裝滿吧！

　　蔬菜買回家後，為保留蔬菜的新鮮度，請將蔬菜放入密封容器內，並鋪上沾濕的廚房紙巾，放入蔬果櫃冷藏。

● **乳製品**

　　如果孩子沒有湯湯水水就吃不下飯，搭配果汁或牛奶、豆漿一起食用，也是不錯的辦法，還能藉機補充缺乏的營養。

　　起司只要購買起司片、披薩專用乳酪絲等備用，就能隨時運用在炒飯、飯捲、飯丸、焗烤等米飯料理上，請務必準備好。

● **偷懶時可運用的速食產品**

　　逃不了，就享受吧！速食產品是媽媽們避之唯恐不及，卻又顧慮孩子的喜好而無法逃避的食材。罐裝速食瀝乾水分後使用，火腿片或魚板置於篩網中以熱水汆燙，都是大幅減少食品添加物的方法。番茄醬或豬排醬可廣泛應用於炒飯或炸物沾醬，請隨時準備好。

● 有的話更方便的食材

製作醋飯時使用的調味醋，只要購買市售的壽司醋使用即可，不必另外調製；使用將烏龍麵湯汁濃縮而成的濃縮烏龍醬汁，可以更方便料理食物。我在使用濃縮烏龍醬汁時，有時會將少量濃縮烏龍醬汁倒入預先準備好的小魚乾昆布高湯內，再以醬油調整味道。如此一來，總覺得不是全用速食產品料理，心裡稍微感到安慰。

本書介紹各式各樣的沙拉料理，也使用最適合這些沙拉的沙拉醬，但是要是沒時間準備，也可以購買市售沙拉醬，直接淋在綜合蔬菜上食用。讓孩子吃什麼固然重要，不過先讓媽媽們輕鬆料理，對於準備早餐才不會感到太大的壓力。

● 請置於冷凍庫冷凍

煮好後分裝成一碗份量冷凍的白飯、放入夾鏈袋冷凍的麵包、一次購買2公斤，再一片一片放入夾鏈袋冷凍的豬排、牛骨湯塊……，這些食材雖然將冷凍庫塞得密不透風，不過當不小心睡過頭，錯過準備早餐的時間時，這些食材可是相當重要的救命武器，最好事先備妥冷凍。另外，可使用於所有湯品料理的小魚乾昆布高湯，也應準備好充足的份量，天氣熱時置於冷凍庫，天氣冷時置於冷藏室，便於隨時取出使用。

冷凍飯

將剛煮好的熱騰騰的飯，取一碗的份量平鋪在密封容器中，再置於冷凍庫中冷凍。不方便煮飯的日子，只要從冷凍庫中取出，放入微波爐中微波約3分鐘，就是一碗熱騰騰剛煮好的飯（要注意的是，微波過的飯容易因久放而流失水分，變得乾硬，請務必在用餐前才微波。）

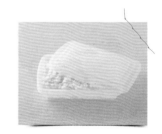

小魚乾昆布高湯

在湯鍋內放入15杯水，2杯小魚乾，3片（5*5公分）昆布，煮5分鐘後，將昆布撈出，轉中火再煮15分鐘，便是一鍋香濃的高湯；也可以放入使用後剩餘的蔬菜一起熬煮。

抓住孩子目光的早餐，請這樣準備

● **餐盤&餐桌墊**

　　善用餐盤，可以一眼掌握孩子對食物的喜好，並可針對孩子不太吃的食物提出應對措施，值得推薦。雖然像學校營養午餐餐盤一樣的不鏽鋼材質較方便使用，不過請盡可能選擇給人溫馨感的陶瓷材質，不僅容易清洗，擺盤也較漂亮。餐桌墊看似微不足道，其實也能給孩子營造出被招待的感覺。建議準備幾個材質容易清洗，設計又符合孩子喜好的餐盤，可交替使用。

● **三角飯糰模具、三角飯糰海苔**

　　便利商店內永遠受孩子喜愛的三角飯糰，在家裡輕輕鬆鬆就能製作。三角飯糰海苔可以在超市購買，並置於冰箱冷凍，以便隨時以不同的材料為孩子製作豐富多變的三角飯糰。如果沒有三角飯糰模具或三角飯糰海苔，可以配戴塑膠手套，將飯鋪在手套上，放入內餡，捏成三角形後，剪下大片海苔貼在飯糰底部，做成握飯糰。

● **電燒烤機**

　　這是可以在吐司上烤出明顯條紋，並加熱內餡，製作出讓人口水直流的三明治燒烤機。除了製作碳烤三明治外，也可以用於烤年糕、漢堡排和少量肉片，使用上相當方便。如果沒有電燒烤機，可將一般燒烤盤加熱後放上三明治，蓋上烹調用鋁箔紙，再以較重的平底鍋鍋蓋前後輕壓即可。

● **口袋三明治模具**

　　將沙拉或果醬放入吐司中，即可輕鬆切除吐司邊，夾出口袋三明治的模具。在網路購物上搜尋「口袋三明治模具」，便能輕鬆購買。如果沒有口袋三明治模具，可以使用碗沿較薄的飯碗或碗公，用力下壓，再取下吐司邊。

● **磨汁機**

　　準備果汁給早上不喜歡吃水果的孩子，也是不錯的方法。使用磨汁機，可以避免水果養分的流失。如果沒有磨汁機，也可以使用攪拌機或果汁機將水果打碎。

冰箱內隨時準備好健康小菜

　　雖然現做的食物最美味，不過若能事先準備好幾道放在冰藏室裡也不會變質的小菜，在配菜不夠用的日子，不僅可以用來應急，也可以放入飯丸或蓋飯中，變化出精彩豐富的早餐。

醬燒黑豆（5-6人份）

材料：黑豆170g、水4+1/2杯、寡糖1+1/2大匙、芝麻油2
　　　小匙、芝麻粒1/2大匙

醬燒醬：醬油4大匙、砂糖1+1/2大匙、料理酒1大匙、
　　　　食用油2大匙

作法：

1 將黑豆洗淨後放入湯鍋內，加水煮至熟透。

2 黑豆煮熟，鍋內剩下約4大匙的水時，倒入醬汁繼續煮。

3 待醬汁幾乎燒乾時，放入料理酒拌炒，再倒入芝麻油、芝麻粒稍微拌炒起鍋。

炒杏仁小魚乾（4人份）

材料：小魚乾120g、杏仁片50g、芝麻粒1＋1/2大匙、
　　　食用油2小匙

醬燒醬：醬油1大匙、辣椒醬2小匙、砂糖1大匙、生薑汁1小匙、蒜末1小匙、
　　　　寡糖2大匙、食用油2大匙

作法：

1 調製調味醬。

2 將小魚乾與杏仁片放入預熱好的平底鍋內拌炒，再過篩
　將細粉濾除。

> 料理秘訣
> 以中火炒，調味醬才不會燒焦。

3 將調味醬倒入平底鍋內煮滾，再放入炒過的小魚乾與杏仁片，炒至與調味醬均勻融合，最後撒上芝麻粒攪拌起鍋。

炒魷魚絲（4人份）

材料：魷魚絲200g、美乃滋2大匙、芝麻粒1小匙

醬燒醬：辣椒醬2大匙、蒜末1小匙、砂糖1小匙、料理酒2大匙、
　　　　寡糖2大匙

作法：

1 將魷魚絲剪成一口大小，放入蒸鍋內蒸約5分鐘。

2 拌入美乃滋。

3 將2大匙食用油倒入平底鍋內，再倒入調味醬煮滾後，放入拌有美乃滋的魷
　魚絲拌炒，撒上芝麻粒起鍋。

炒青海苔

材料：青海苔50g、食用油4大匙、紫蘇籽油2大匙、
　　　　精製鹽1/2大匙、砂糖2小匙、芝麻油1大匙、
　　　　芝麻粒1大匙

作法：

1 將青海苔撕成碎片。

2 將食用油、紫蘇籽油倒入以中火預熱好的平底鍋內，再放入青海苔，轉小火
　炒約10分鐘。

3 撒上精製鹽、砂糖攪拌均勻後，再倒入芝麻油、芝麻粒拌勻。

醬燒牛肉（4-5人份）

材料：牛里脊600g、水5杯、乾辣椒1根、洋蔥1/2顆、
　　　　大蔥1根、大蒜5瓣、胡椒粒1小匙

醬燒醬：醬油1/2杯、砂糖2大匙、清酒2大匙

作法：

1 牛肉泡過水後瀝乾血水。

2 將去除血水的牛肉和水倒入湯鍋內煮熟。

> 料理秘訣
> 邊煮邊撈出泡沫，
> 才不會有腥味。

3 牛肉煮熟後，放入乾辣椒、洋蔥、大蒜、胡椒粒和醬汁，以大火烹煮。

4 10分鐘後轉中火，煮至醬汁完全滲透後放涼，沿肌肉紋理撕成適合食
　用的大小。

醬燒核桃 (5-6人份)

材料：核桃200g、乾辣椒1根、昆布1片、
　　　芝麻油1小匙、芝麻粒少許、食醋1大匙

醬燒醬：砂糖1/2大匙、料理酒1＋1/2大匙、
　　　　醬油1＋1/2大匙、糖稀1＋1/2大匙、水2/3杯

作法：

1 核桃過篩，濾除碎末細粉。

2 將食醋倒入滾水內，再放入核桃煮約7分鐘，以冷水淘洗。

3 在湯鍋內放入煮過的核桃、乾辣椒、昆布與醬汁，煮沸後轉中火，煮至湯汁剩下約一湯匙。

4 倒入芝麻油、芝麻粒攪拌，即可起鍋。

醬醃綜合泡菜 (8人份)

材料：小黃瓜3根、彩椒（紅椒、黃椒）1/2顆、
　　　洋蔥1/2顆、辣椒1根、醃漬香料2大匙

醃醬：水2杯、砂糖1杯、食醋1杯、鹽2大匙

作法：

1 小黃瓜、辣椒切圓形，洋蔥、彩椒也切成與小黃瓜差不多的大小。

2 將醃漬香料放入耐熱容器中，填滿切好備用的蔬菜。

3 將醃醬倒入湯鍋內，加熱煮至砂糖融化即可，隨即倒入耐熱容器內，蓋上蓋子，置於室溫下半天，再放入冰箱冷藏。

＊除了醬醃綜合泡菜外，所有配菜在調理過後，應待完全冷卻後再放入密封容器中保存，可保持滋味不變。若怕辣可將辣椒的籽去除。

春天

可享用的當季食材

牛角蛤（腰子貝）| 牛蒡 | 泥蚶 | 蛤蜊 | 莧菜 | 蘆筍 | 韭菜 | 春白菜 | 草莓 | 柑橘

PART 01

Spring

Monday	Tuesday

蘆筍炒培根
芙蓉蒸蛋
韭菜櫛瓜煎餅
泡菜

漢堡排蓋飯
泡菜
水果

煎德式香腸
醬佐泥蚶
泡菜豆渣湯

泡菜鮪魚石鍋飯
牛肉黃豆芽湯

炒銀魚乾
魷魚韭菜煎餅
魚子蛋花湯
泡菜

火腿肉蛋捲
蛤蜊湯
水果

速成雜菜冬粉
醬燒魚板
蔓越莓雞肉沙拉
腰子貝海帶湯

豬排丼飯
泡菜
水果

三明治日
！！

Wednesday	Thursday	Friday

泡菜熱狗堡
柳橙汁

韭菜牛肉拌飯
涓豆腐海鮮湯

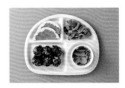

鰤魚海苔一口飯丸
牛蒡大醬湯
水果

貝果三明治
大蒜濃湯
水果

焗烤鮮蔬炒飯
玉米沙拉
水果

鮪魚咖哩飯煎餅
鮮蝦沙拉
水果

烤牛肉三明治
草莓沙拉
豆漿

香辣滑蛋蓋飯
辣醬拌莧菜
水果

菜包牛蒡牛肉飯
春白菜韓式味噌醬湯
水果

培根蛋吐司
起司沙拉
草莓優格

鮪魚炒飯
涼拌珠蔥黃豆芽
水果

乾拌菜飯捲
泥蚶湯

【第一週星期一】 🍴 蘆筍炒培根・芙蓉蒸蛋・韭菜櫛瓜煎餅

餐桌上最先迎來的春天消息

　　大人們一想到春天，嘴中似乎已經充滿韭菜、薺菜、艾草等食材清香的滋味，但是這些當季食物，卻是孩子們早餐避之唯恐不及的食物。將這些微苦的春天食物，料理成孩子們樂於享用的美食，這才是媽媽的秘訣吧？

請依此順序準備！

煮飯 ➜ 挑揀蔬菜（韭菜、櫛瓜、蘆筍、綠豆芽）➜ 醃櫛瓜 ➜
芙蓉蒸蛋盛碗微波 ➜ 煎韭菜櫛瓜煎餅 ➜ 炒蘆筍培根 ➜ 與泡菜一同上桌

前晚準備更快速

・挑揀韭菜、蘆筍。
・綠豆芽洗淨瀝乾，將蔬菜全部裝進密封容器中保存。

蘆筍炒培根

　　如今經常出現在我們餐桌上的蔬菜——蘆筍，是富含纖維質與礦物質的蔬菜。一般多以培根包裹蘆筍，製成培根蘆筍捲食用，不過將培根與綠豆芽快炒，當作配菜吃也不錯。只要材料準備好，就能在短時間內完成料理，值得推薦作為早餐配菜。

請準備以下食材！

主材料　蘆筍4根、培根2條、綠豆芽100g、大蒜2瓣

調味醬　食用油1大匙、蠔油1小匙、鹽少許、胡椒粉少許

1 切下蘆筍較厚的根部，以削皮器削除表皮後斜切。

2 培根厚切；大蒜切片；綠豆芽沖水洗淨備用。

3 將食用油倒入平底鍋內，放入大蒜片、培根拌炒。

4 放入蘆筍與綠豆芽、蠔油，轉大火快炒，再撒上鹽、胡椒粉調味。

芙蓉蒸蛋

　　將柔嫩的豆腐放入蛋液中蒸熟，可大幅提高2倍的蛋白質含量。加入明太魚子或飛魚卵一起蒸熟，也可以變化出獨特的滋味與口感。蛋液一般放入蒸鍋內即可蒸出表面平整的蒸蛋，不過早上忙碌的話，不妨利用微波爐微波，料理更快、更方便。

請準備以下食材！

主材料　豆腐1塊、雞蛋2顆、細蔥1根、紅蘿蔔少許、昆布高湯1杯、蝦醬1小匙

調味醬　鹽少許

料理秘訣
將蝦醬搗碎再放，或是置於細篩上，以湯匙輕壓，再倒入瀝出的汁液，可使蒸蛋純淨無雜質。

1 蔥切末；紅蘿蔔切細丁。

2 蛋液打勻後倒入昆布高湯，攪拌均勻，再加入蝦醬、鹽調味。

料理秘訣
包好保鮮膜後，以竹籤插幾個洞，可使蒸蛋更光滑平整。

3 以耐熱容器盛裝細切豆腐，再倒入蛋液。

4 擺上細蔥、紅蘿蔔，包好保鮮膜或蓋上微波爐專用蓋，料理約3分鐘。

Monday

韭菜櫛瓜煎餅

　　將鮮甜的櫛瓜切絲，韭菜切碎末，再加入孩子們喜歡的蝦仁，即可製成韭菜櫛瓜煎餅。即使是香味特殊而令孩子畏懼的韭菜，只要與蝦仁、櫛瓜一起煎得香噴噴的，肯定沒有人會拒絕這樣的美味。

請準備以下食材！

主材料　櫛瓜1/2條、韭菜20g、蝦子4隻、紫蘇籽油少許、食用油少許

麵　糊　煎餅粉7大匙、昆布高湯5大匙、鹽1/2小匙

1 切除韭菜根部沾黏的土，洗淨後切小段；蝦子剝去蝦殼，去除腸泥後切丁。

2 櫛瓜切絲，撒上鹽拌勻。

料理秘訣
櫛瓜容易產生大量水分，製成麵糊後應立刻下鍋煎。

3 將韭菜碎末、蝦仁、煎餅粉、昆布高湯，加入稍微醃過的櫛瓜攪拌。

4 平底鍋內倒入各1大匙的紫蘇籽油與食用油，再放入一口大小的麵糊將正反面煎熟。

【第一週星期二】 漢堡排蓋飯

特別挑食時的偽餐廳料理

　　孩子年幼時，讓孩子吃速食產品，是媽媽賭上自尊心也不可能發生的事。但是隨著孩子逐漸長大，自然而然接觸到各式各樣的外食文化，而如今在知名的餐廳裡，也販售著保留異國風味的冷凍食品。雖然媽媽們可以親自料理好冷凍備用，不過將市售知名產品買回家放入冷凍庫，在孩子特別挑食的某天，便可輕鬆端出讓孩子眼睛一亮的「餐廳料理」。

請依此順序準備！

切蘑菇、洋蔥；調製佐醬 ➜ 綜合嫩葉蔬菜洗淨瀝乾 ➜ 冷凍飯解凍 ➜ 煎漢堡排 ➜ 烹煮佐醬 ➜ 一邊烹煮佐醬，一邊煎荷包蛋 ➜ 完成漢堡蓋飯 ➜ 與泡菜、水果一同上桌

前晚準備更快速

・泡菜切好備用。

Tuesday

漢堡排蓋飯

　　漢堡排雖然是市售的，不過佐醬請媽媽們親自準備。使用煎過漢堡排的平底鍋煮佐醬，可以讓佐醬的滋味更加濃郁。搭配鮮嫩的綜合蔬菜，更可讓孩子自然而然吃到平時攝取不足的蔬菜。

請準備以下食材！

主材料　市售漢堡排2塊、白飯1.5碗、雞蛋2顆、綜合嫩葉蔬菜1杯、食用油少許

佐　醬　蘑菇4朵、洋蔥1/2顆、豬排醬4大匙、
　　　　辣醬油（Worcester sauce）1大匙、紅酒1/2杯、糖稀2大匙、
　　　　料理酒3大匙、勾芡水（綠豆澱粉或太白粉1/2大匙＋水1大匙）

料理秘訣
未解凍時煎，容易使表面燒焦。置於室溫下一段時間，至表面稍微退冰後，再以中火煎；或是前一晚先從冷凍庫拿出，放進冷藏室，隔天煎時，表面才不容易燒焦，牛肉內部也可煎熟。

1 蘑菇切圓片，保留原本形狀；洋蔥切絲。

2 綜合蔬菜以冰水浸泡後瀝乾。

3 在平底鍋內倒入食用油，放入漢堡排煎至兩面焦黃後，再蓋上鍋蓋煎至全熟。

4 煎完漢堡排的平底鍋，放入所有佐醬材料，煮滾後加入勾芡水勾芡。

5 平底鍋倒入食用油煎荷包蛋。

6 將漢堡排擺在飯上，再淋上佐醬，放上荷包蛋，搭配生菜沙拉。

【第一週星期三】 泡菜熱狗堡、柳橙汁

偽咖啡館的悠閒早餐

　　在孩子想要簡單吃早餐的日子，清淡的麵包夾入香噴噴的熱狗，搭配番茄醬與芥末醬一起吃的美式熱狗堡，是最適合做給孩子吃的料理。這裡稍微運用巧思，加入泡菜製成開胃的泡菜熱狗堡，再佐以利用香甜的柳橙榨出的柳橙汁，即使是一大早，孩子也會吃得津津有味。

請依此順序準備！

炒泡菜 ➡ 熱狗汆燙再煎 ➡ 完成熱狗堡 ➡ 榨柳橙汁

前晚準備更快速

・炒泡菜。

泡菜熱狗堡

這道料理是我在梨泰院的知名熱狗店品嘗後,深深愛上,因而成了家中經常出現的菜單。清淡的麵包加上香噴噴的熱狗、炒泡菜與調味海苔,巧妙地融合為一道美食。

請準備以下食材!

主材料 雜糧堡2個、手工熱狗2條、韓式泡菜丁1/2杯、調味海苔粉1/2杯、美乃滋少許

泡菜調味料 砂糖1/2小匙、食用油1大匙

1 擠乾泡菜的醬汁,再放入砂糖,倒入加有食用油的平底鍋翻炒。

2 熱狗以滾水汆燙後劃刀,放入加有食用油的平底鍋內煎。

3 切開雜糧堡,夾入熱狗。

4 放入炒過的泡菜,擠上鋸齒狀的美乃滋,再撒上調味海苔粉。

Wednesday
柳橙汁

　　滋味香甜的柳橙，除了可以直接生吃或加入生菜沙拉中食用，也可以在早上放入磨汁機磨出果汁，充分攝取維生素。

請準備以下食材！

主材料　柳橙3顆

料理秘訣
如果沒有磨汁機，也可以用手剝去外皮，放入果汁機中打成果汁。

1　柳橙剝去外皮，切成適當大小放入磨汁機中磨汁。

【第一週星期四】 韭菜牛肉拌飯、涓豆腐海鮮湯

新學期，
一碗豐盛的拌飯，配上一碗溫熱的湯

　　開學後，學校忙碌的課業難免讓孩子失去胃口。拌飯是一道不必太多配菜，也能讓孩子吃得津津有味的料理。因為有大量以牛肉醬拌炒的牛肉與香噴噴的海苔粉，即使將韭菜切碎摻入料理中，孩子也不會排斥，加上放入海鮮烹煮10分鐘即可起鍋的清爽海鮮湯，忙碌的早晨也可以快速完成。

請依此順序準備！

煮飯 ➡ 醃漬牛肉；冷凍海鮮解凍 ➡ 調製沾醬 ➡ 炒蛋 ➡ 韭菜切末；
海苔烤過剪成細絲 ➡ 製作涓豆腐海鮮 ➡ 韭菜牛肉拌飯盛盤，
與泡菜一同上桌

前晚準備更快速

・調製沾醬。
・醃漬牛肉；冷凍海鮮解凍。
・挑揀韭菜；海苔烤過剪成細絲。

韭菜牛肉拌飯

　　要將完整保留春天清香與氣息的韭菜煮得好吃，秘訣之一就是拌飯。試著將孩子們喜歡的炒牛肉和海苔粉滿滿地鋪在飯上，並搭配鹹度適中的醬油沾醬。如果孩子不排斥吃蔬菜，也可以再放入汆燙過的黃豆芽、山芹菜、青花菜等。

請準備以下食材！

主材料　飯2碗、牛絞肉200g、韭菜20g、雞蛋2顆、海苔2片、鹽少許、
　　　　食用油少許

牛肉醃醬　醬油1＋1/2大匙、砂糖1小匙、蔥花1大匙、蒜末1小匙、芝麻油1小匙、
　　　　　胡椒粉少許

沾　　醬　醬油2大匙、糖漬梅汁1大匙、辣椒粉1/2大匙、小魚乾昆布高湯1＋1/2大匙、
　　　　　芝麻油2小匙、芝麻粒1小匙

料理秘訣
牛肉先放在廚房紙巾上
吸除血水，可消除腥
味。

1 將牛肉醃醬倒入牛絞肉
內，醃製約5分鐘。

2 調製沾醬；挑揀韭菜，切
成1公分長。

3 蛋液打勻後加入少許鹽調
味，下鍋炒熟。

4 將醃好的牛肉去除醬汁，
放入平底鍋翻炒。

料理秘訣
沾醬可省略辣椒粉。

5 將海苔放入平底鍋前後乾
煎，再剪成細絲。

6 盛飯於盤內，再放上炒
蛋、炒牛肉，撒上海苔細
絲、碎韭菜，與沾醬一同
上桌。

涓豆腐海鮮湯

　　涓豆腐海鮮湯是可以在十分鐘內完成的超快速料理，就像蛋花湯一樣，經常出現在早餐餐桌上。細切備用的冷凍綜合海鮮包，可廣泛使用於炒飯或煮湯，是家中冰箱必備的食材。蔬菜應盡可能切小塊再煮，以方便食用。

請準備以下食材！

主材料　涓豆腐1/2塊、冷凍海鮮（魷魚、蝦仁、貝類等）1杯、櫛瓜1/4條、
　　　　洋蔥1/4顆、香菇1朵、

湯底材料　小魚乾昆布高湯3杯、紫蘇籽油2小匙、辣椒粉1大匙、蝦醬2小匙、
　　　　　蒜末1小匙、鹽少許

料理秘訣
冷凍海鮮以冷水解凍後
再煮，才不容易變硬。

1 冷凍海鮮置於冷水中解
　凍。

2 櫛瓜、洋蔥、香菇切片。

料理秘訣
蝦醬搗碎再放，或是置
於細篩上，以湯匙輕
壓，再倒入瀝出的汁
液。辣椒粉可省略。

3 將湯底材料全部放入湯鍋
　內，滾開後放入海鮮、蔬
　菜煮熟。

4 以湯匙將涓豆腐放入湯
　內，若味道不夠，再以鹽
　調味。

【第一週星期五】 一口飯丸、牛蒡大醬湯

可以邊走邊吃的一口飯丸

　　那怕是5分鐘也好，就想為孩子準備得更周全。為了就算沒吃早餐，也要整理好頭髮再出門的青春期孩子，特地準備了方便手抓食用的一口飯丸，還有以香氣迷人的牛蒡煮成的大醬湯。如果孩子沒好好坐在餐桌前，而是邊走邊吃，也請原諒孩子……。因為孩子也有自己忙碌的早晨呀。

請依此順序準備！

煮飯 ➡ 牛蒡大醬湯煮至第3步驟 ➡ 泡菜切碎 ➡ 完成一口飯丸 ➡
牛蒡大醬湯盛碗，撒上細蔥、金針菇後上桌

前晚準備更快速

· 牛蒡清洗斜切，泡入食醋中並置於冰箱冷藏。
· 炒鯷魚，泡菜切碎。

鯷魚海苔一口飯丸

　　有小孩的家庭，餐桌上的配菜當然少不了炒鯷魚和炒
海苔。香脆又微鹹的炒鯷魚，拌入泡菜捏成一口飯丸後，
再放入炒海苔中前後滾動，就能輕鬆做出孩子們喜愛的一
口飯丸。

請準備以下食材！

主材料　飯2碗、泡菜1/2杯、炒鯷魚1/2杯、炒海苔2杯

飯調味醬　芝麻油1/2大匙、芝麻粒1大匙、鹽1/2小匙

1 去除泡菜的醬汁，稍微擠乾。

2 白飯與飯調味醬攪拌均勻。

3 放入白泡菜碎末、炒鯷魚，以湯匙均勻攪拌。

4 捏成一口大小後，放入細切的炒海苔中前後滾動。

牛蒡大醬湯

　　牛蒡富含纖維質，但具有特殊的香氣，每個孩子的接受度都不同。如果孩子無法接受，不妨將牛蒡切碎，避免孩子挑出。

請準備以下食材！

主材料　牛蒡50g、金針菇1/4束、細蔥1根、小魚乾昆布高湯3杯、
　　　　　韓式味噌醬1＋1/2大匙

料理秘訣
如果孩子討厭牛蒡，
請將牛蒡切碎再放
入，避免孩子挑出。

料理秘訣
也可以將油豆腐細
切後放入一起煮。

1 牛蒡置於流水下洗淨，再以刀背刮除外皮，斜切備用。

2 金針菇與細蔥細切。

3 將高湯與牛蒡放入湯鍋中，煮開後再加入味噌醬。

4 轉中火再煮約10分鐘，撒上細蔥、金針菇。

TERRE·HUI

【第二週星期一】 煎德式香腸、醬佐泥蚶、泡菜豆渣湯

快速拌著吃的泡菜豆渣湯飯

　　犧牲早晨睡眠,用心煮出的一碗湯,孩子卻怎麼也不肯吃,媽媽肯定非常傷心。雖然就早餐而言,泡菜鍋可能是較具刺激性的料理,不過若是加入柔嫩的豆渣一起煮,就能變成像拌飯醬一樣,方便拌著飯一起吃。由於這道料理大量使用富含蛋白質的大豆,因此配菜不妨選用孩子們喜歡的德式香腸。

請依此順序準備!

煮飯 ➜ 泡菜豆渣湯煮至第3步驟 ➜ 汆燙泥蚶 ➜ 調製醬料 ➜ 煎德式香腸 ➜ 放入豆渣,完成泡菜豆渣湯

前晚準備更快速

· 汆燙泥蚶;調製醬料。
· 將用於泡菜豆渣湯的泡菜、肉先切好。

煎德式香腸

　　在沒有合適的配菜時，香腸可以是最能端上檯面的料理。而在早餐餐桌上有孩子討厭的其他配菜時，搭配這道煎香腸一同上桌，還能稍稍安撫孩子。將香腸沾滿蛋液，與細切好的韭菜或珠蔥、紅蘿蔔下鍋煎，不只是口感和滋味，就連營養也照顧到了。

請準備以下食材！

主材料　德式香腸1根、雞蛋1顆、韭菜20g
調味醬　鹽少許、食用油少許

1 韭菜切碎。

2 打蛋於容器內，以鹽稍微調味後，與碎韭菜攪拌均勻。

3 德式香腸切成圓片。

4 在預熱好的平底鍋內倒入食用油，將香腸沾滿蛋液後，下鍋前後煎熟。

醬佐泥蚶

　　早上需要花較多時間料理的這道菜，主要在前一天晚上準備好。當季盛產的泥蚶富含大量的營養素，可以為孩子補充鈣質、鐵質與蛋白質，是一道頗有嚼勁的開胃配菜。

請準備以下食材！

主材料　**泥蚶200g、海鹽1小匙**

佐　醬　**醬油1大匙、辣椒粉1/2大匙、蔥花1大匙、蒜末1小匙、砂糖1/2小匙、芝麻油1/小匙、熟白芝麻1/小匙**

料理秘訣
若是煮至所有泥蚶的殼張開，貝肉容易變硬、縮水，口感會變差。

1 調製佐醬。

2 泥蚶一邊攪拌，一邊搓洗。洗好放入湯鍋內，倒入可覆蓋過泥蚶的水，撒上海鹽後，朝單一方向攪拌。煮至一兩顆泥蚶的殼張開後，即可關火，蓋上鍋蓋，燜5分鐘左右。

3 取出泥蚶，從泥蚶背後挖開，去除沒有肉的貝殼。

4 將準備好的佐醬少量擺在貝肉上即可，即成。

Monday

泡菜豆渣湯

　　製作豆腐剩餘的渣滓，當然就簡稱為豆渣囉！由於營養成分不高，我一般直接將黃豆泡開，去除表皮後切碎，煮成營養滿分的豆渣湯。比起一般的豆渣，這道豆渣湯的香氣更加濃烈。另外豆渣湯必須以蝦醬調味，才能減少黃豆特有的豆味，增添迷人的好滋味。

主材料　泡菜1杯、松阪豬100g、豆渣1杯、蝦醬1＋1/2大匙、紫蘇籽油1/2大匙、辣椒粉2小匙、高湯1杯、泡菜醬汁4大匙

1 將泡菜稍稍擠乾，切丁；松阪豬切成一口大小。

2 湯鍋內倒入紫蘇籽油，先拌炒泡菜、松阪肉。

料理秘訣
放入豆渣煮，湯汁會變得較淡，此時請稍微調味。

3 待松阪肉表面煎熟後，再放入泡菜醬汁、高湯、辣椒粉、切碎的蝦醬一起煮。

料理秘訣
若放入豆渣後不斷攪拌，豆渣容易吸水發脹，使湯汁減少，請特別注意。

4 沿著鍋邊放入豆渣，攪拌一至兩次後，不蓋鍋蓋再煮約5分鐘即可。

【第二週星期二】 泡菜鮪魚石鍋飯、牛肉黃豆芽湯

揮別料峭春寒的石鍋料理

　　一到春天，百花綻放，接連幾日的暖陽，緊接著又是料峭春寒的報到。在這不分大人小孩，全都縮著身子，讓人擔心換季感冒的時節，早餐一碗熱騰騰的石鍋飯，搭配一碗清淡的熱湯，可以讓整個早上充滿活力。使用真正的石鍋當然是最好的，不過為了在忙碌的早晨盡快食用，也可以將料理盛裝在微溫的飯碗內吃。

請依此順序準備！

泡米 ➔ 牛肉黃豆芽湯煮至第2步驟 ➔ 煮泡菜鮪魚石鍋飯 ➔ 調製沾醬 ➔ 完成牛肉黃豆芽湯 ➔ 醃黃蘿蔔切碎，拌入泡菜鮪魚石鍋飯後完成

前晚準備更快速

・泡米（洗完米後，置於篩網上，放入冰箱冷藏）。
・調製沾醬。
・黃豆芽洗淨。
・煮好牛肉高湯。

泡菜鮪魚石鍋飯

　　泡菜飯或黃豆芽飯都是孩子們避之唯恐不及的料理，如果加上孩子們喜歡的鮪魚，其特殊的迷人香氣將可提高孩子們的食慾。最後將醃黃蘿蔔切丁拌入飯內，還可以增加脆脆的口感。

請準備以下食材！

主材料　米1＋1/2杯、泡菜1杯、鮪魚罐頭1罐、小魚乾昆布高湯1＋1/2杯、醃黃蘿蔔30g、芝麻油1/2大匙

沾　　醬　醬油1大匙、昆布高湯1大匙、蔥花1大匙、熟白芝麻1/2大匙、芝麻油1小匙、辣椒粉1小匙、胡椒粉少許

料理秘訣
米一般泡30分鐘左右，不過如果泡在溫水中，可縮短泡米的時間。

料理秘訣
可用醃蘿蔔取代醃黃蘿蔔（作法請見P175）。

1 米洗好後，泡在溫水內10分鐘。

2 醃黃蘿蔔切丁；泡菜去除醬汁，切丁。

3 在湯鍋內倒入芝麻油，炒過泡菜後，再放入已濾乾醬汁的鮪魚，稍微翻炒。

4 倒入泡好的米、高湯，蓋上鍋蓋煮，煮沸後續煮10分鐘熄火燜至米飯熟。

料理秘訣
也可以用飛魚卵代替醃黃蘿蔔。辣椒粉可省略。

5 調製沾醬，並將切好的醃黃蘿蔔丁倒入煮好的飯中，均勻攪拌後，即可美味上桌。

牛肉黃豆芽湯

　　以牛肉高湯代替小魚高湯來煮黃豆芽湯,可以煮出一碗清淡而別有風味,同時營養滿分的黃豆芽湯。由於與泡菜鮪魚石鍋飯一同上桌,搭配的湯品最好不要煮得太鹹。

請準備以下食材！

主材料　牛肉（煮湯用）200g、黃豆芽100g、大蔥1/2根、水4杯
調味醬　芝麻油1大匙、蒜末1/2大匙、醬油1＋1/2大匙、鹽少許

料理秘訣
可使用火鍋肉片縮短烹煮時間。

1 在預熱好的湯鍋內倒入芝麻油，再放入牛肉、蒜末翻炒。

料理秘訣
將煮湯時冒出的泡沫撈掉。

2 待牛肉表面炒熟，且散出香氣後，加入水4杯，再倒入醬油，煮滾後轉中火再煮10分鐘。

3 放入黃豆芽，煮熟後以鹽調味。

4 放入斜切的大蔥片，略煮一會兒，即成。

【第二週星期三】 貝果三明治、大蒜濃湯

到中午前都能活力滿滿的三明治早餐

　　我家孩子曾說過，早餐吃麵包的話，到了第三節課肚子就開始咕嚕咕嚕叫了。但是，如果早餐吃的是使用各種新鮮食材的三明治，搭配一碗香噴噴的濃湯和水果，情況就不同了。是一道媽媽料理輕鬆、孩子也吃得開心的星期三早餐。

請依此順序準備！

大蒜濃湯煮至第4步驟 ➜ 準備三明治內餡食材 ➜ 完成濃湯 ➜ 完成三明治
➜ 與水果一同上桌

前晚準備更快速

・濃湯煮至第5步驟。

貝果三明治

　　貝果清淡又有嚼勁，吃起來齒頰留香，即使只搭配起司和果醬，也很適合當作早餐。利用新鮮蔬菜和孩子喜歡的火腿片、起司，也能做出簡單卻又美味的三明治。如果是女孩子，就算只吃一半的三明治，分量也很足夠。

請準備以下食材！

主材料　貝果2個、結球萵苣2片、菊苣1片、起司2片、火腿4片、黃甜椒1/4顆、番茄1顆

調味料　美乃滋2大匙、芥末醬2大匙

料理秘訣
蔬菜可視喜好替換。

1 番茄、黃甜椒切成圓片（黃甜椒要去籽）；結球萵苣、菊苣洗淨後瀝乾。

2 貝果橫切成兩半，入烤箱烤熱。

3 一面貝果抹上美乃滋，另一面貝果抹上芥末醬。

料理秘訣
兩旁先以竹籤固定再切半，可維持三明治原本的形狀。

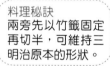

4 依序將結球萵苣、菊苣、番茄、火腿、黃甜椒、起司片擺在一面貝果上面，再蓋上另一面貝果，切半上桌。

大蒜濃湯

　　大蒜獲選為世界十大健康食品，含有百種以上有益營養素的食材。將大蒜煮熟，再放入馬鈴薯、鮮奶油、牛奶一起煮成的大蒜濃湯，幾乎不具任何獨特的蒜味，卻又完整保留了營養。特別推薦給家有較為疲勞的孩子，作為早餐料理的選項。

請準備以下食材！

主材料　大蒜10瓣、洋蔥1/2顆、馬鈴薯1/2顆、鮮奶油1/2杯、牛奶1杯、水2/3杯、橄欖油1大匙

調味料　雞粉1小匙、鹽少許、胡椒粉少許

炒麵糊　麵粉1大匙、奶油1大匙

> 料理秘訣
> 請注意用小火慢炒，不要將麵糊的顏色炒成褐色。

1 將麵粉、奶油放入預熱好的平底鍋內翻炒，製成炒麵糊。

2 洋蔥、馬鈴薯、大蒜全部去皮。馬鈴薯、大蒜切薄片；洋蔥切絲。

3 橄欖油倒入預熱好的湯鍋內，放入蒜片、洋蔥絲拌炒，炒至洋蔥顏色變透明，再放入馬鈴薯一起拌炒。

4 倒入水、雞粉，蓋上鍋蓋，煮至馬鈴薯熟透為止。

5 倒入果汁機內打成汁，再倒回湯鍋中。

6 一邊倒入牛奶、鮮奶油、炒麵糊，一邊攪拌均勻，以中小火煮至滾沸後，再以鹽、胡椒粉調味。

【第二週星期四】 焗烤鮮蔬炒飯、玉米沙拉

化解親子僵局的和解早餐

　　最近孩子們的青春期似乎來得較早。升上小學高年級，青春期就開始了。原本還相處融洽，漸漸地無法理解孩子的情緒起伏，直到某一天，媽媽終於再也忍耐不住，開始大呼小叫。不如用美味料理來化解僵局，在孩子面前塑造媽媽心胸寬大的形象，和平解決問題吧！

請依此順序準備！

製作玉米沙拉，放入冰箱冷藏 ➡ 將鮮蔬炒飯放入烤箱焗烤 ➡ 切水果 ➡ 將碎香芹撒在烤好的焗烤上

前晚準備更快速

・製作玉米沙拉。
・蔬菜切好。

焗烤鮮蔬炒飯

　　在剩飯不多不少、配菜不夠，或是孩子特別沒有胃口的日子，最適合端上餐桌的一道料理。加入各種蔬菜製成的炒飯，再倒入市售的番茄醬或義大利麵醬，撒上滿滿的乳酪絲，烤得金黃可口的焗烤，肯定會是「讓人豎起大拇指」的料理。

請準備以下食材！

主材料　飯1＋1/2碗、紅蘿蔔1/4根、洋蔥1/4顆、蘑菇2朵、番茄醬1＋1/2杯、
　　　　披薩專用乳酪絲1杯、鹽少許、胡椒粉少許、帕馬森起司粉2大匙、
　　　　巴西利碎少許、食用油少許

1 紅蘿蔔、洋蔥、蘑菇分別
切成細丁。

2 將食用油倒入預熱好的平
底鍋內，將切好的蔬菜丁
入鍋，拌炒至出香味。

> 料理秘訣
> 在焗烤之前，會再倒一
> 次番茄醬，因此炒飯的
> 調味應該稍微清淡一
> 些。

3 倒入白飯、1/2杯番茄醬拌
炒均勻，再以鹽、胡椒粉
調味。

4 將炒飯盛裝於耐熱容器
內，再倒入剩下1杯的番茄
醬，抹平至看不見炒飯。

5 撒滿乳酪絲、帕馬森起司
粉，移入已預熱至200℃的
烤箱內，烤約12分鐘，再
取出撒上巴西利即可。

玉米沙拉

　　是一道將焗烤油膩的滋味變得清爽的沙拉。入味的時間越長，食材滋味越融合，若能在前一天晚上就完成且冷藏保存，第二天一大早便能享用美味的玉米沙拉。

請準備以下食材！

主材料　玉米罐頭1/2罐、番茄1/2顆、青椒1/4顆、洋蔥花2大匙

沙拉醬　美乃滋2＋1/2大匙、檸檬汁1大匙、砂糖2小匙、鹽1/3小匙

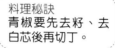
料理秘訣
青椒要先去籽、去
白芯後再切丁。

1 玉米罐頭過篩，瀝乾水分。

2 番茄去皮、去籽，與青椒、洋蔥皆切成玉米粒大小的小丁。

3 以冷水浸泡洋蔥丁，去除辣味後，瀝乾水分。

4 將玉米粒、番茄丁、青椒丁、洋蔥丁與沙拉醬材料一起放入容器中攪拌均勻，置於冰箱冷藏，待食用前再取出。

【第二週星期五】 鮪魚咖哩飯煎餅、鮮蝦沙拉

香氣迷人的醒腦早餐

　　天色剛亮、才睜開眼睛，屋內飄散著陣陣的食物香氣，孩子們大概會以為媽媽正在準備什麼美味的早餐吧！選用對腦部活動有幫助而經常料理的咖哩與鮪魚，煎成金黃色的飯煎餅，不僅帶有嚼勁且香氣迷人，也很方便食用。再搭配上以巴薩米克醋（義大利黑醋）調製的鮮蝦沙拉，這樣一道豐富的早餐，肯定讓孩子將餐桌上的食物一掃而空。

請依此順序準備！

蝦仁解凍 ➜ 調製沙拉醬 ➜ 切好用於咖哩飯煎餅的蔬菜 ➜ 醃漬蝦仁 ➜
炒杏仁片 ➜ 綜合蔬菜清洗瀝乾 ➜ 煎蝦仁 ➜ 煎咖哩飯煎餅 ➜ 完成沙拉 ➜
水果清洗切塊

前晚準備更快速

‧調製沙拉醬。
‧蝦仁解凍。

鮪魚咖哩飯煎餅

　　咖哩含有許多有益孩子腦部發展的成分，所以在規劃孩子的早餐菜單時，便經常選用咖哩。除了咖哩飯和咖哩湯外，在料理煎餅或炸物時，稍微加入一點咖哩，其獨特的香氣將可增加食物的滋味。

請準備以下食材！

主材料　飯2碗、鮪魚罐頭1罐、彩色甜椒（紅甜椒、黃甜椒、青椒）各1/4顆、
　　　　洋蔥1/4顆、雞蛋2顆、玉米粉2大匙、食用油少許

調味料　咖哩粉2大匙、鹽少許、胡椒粉少許、

1 取出鮪魚，過篩、去除油
　脂。

2 彩色甜椒、洋蔥分別切細
　丁。

料理秘訣
也可以搭配番茄
醬一起吃。

3 將鮪魚、彩椒丁、洋蔥
　丁、雞蛋、咖哩粉、玉米
　粉、鹽、胡椒粉倒入飯中
　攪拌。

4 將食用油倒入預熱好的平
　底鍋內，用湯匙平均舀取
　飯糊，放入鍋中，煎至兩
　面均呈金黃香酥即可。

鮮蝦沙拉

　　以煎蝦取代炸蝦，讓料理步驟更加簡單、方便的一道沙拉，或者也可以採用鮮干貝、鮮魷魚取代蝦仁，就能變化出不同特色的風味沙拉！

請準備以下食材！

主材料	冷凍蝦仁（中蝦）6隻、綜合生食蔬菜2杯、杏仁片1大匙
沙拉醬	巴薩米克醋（義大利黑醋）1大匙、橄欖油2大匙、洋蔥末1大匙、蒜末1/2小匙、鹽1/3小匙、蜂蜜1小匙、胡椒粉少許

1 蝦仁解凍，以少許鹽略醃漬。

2 杏仁片入鍋乾煎至金黃色，起鍋，放涼。

3 將綜合蔬菜浸泡於冷水中，再取出，瀝乾水分。

4 調製沙拉醬。

5 乾煎醃漬過的蝦仁。

6 將綜合生食蔬菜與煎好的蝦仁盛盤，撒上炒過的杏仁片後，再淋上沙拉醬即可。

【第三週星期一】 炒銀魚乾、魷魚韭菜煎餅、魚子蛋花湯

結合喜歡&討厭食材的愛心早餐

　　起初特地為孩子另外準備早餐時，早已決定料理出不讓孩子偏食、能均勻攝取的早餐，還要營養滿分、調理方式不能一成不變。最能表現出那種心情的料理，也許就是這一道料理吧！這道早餐巧妙結合孩子喜歡的食材和討厭的食材，並動用各種調理方式完成，雖然一大早有點手忙腳亂的，但是不能不給自己打一百分。

請依此順序準備！

煮飯 ➡ 醃漬銀魚乾 ➡ 魷魚、韭菜、紅蘿蔔切碎 ➡ 魚子蛋花湯煮至第3步驟 ➡ 炒銀魚乾 ➡ 煎魷魚韭菜煎餅 ➡ 放入明太魚子、蛋液，完成魚子蛋花湯 ➡ 與泡菜一同上桌

前晚準備更快速

・炒銀魚乾。
・魷魚、韭菜、紅蘿蔔切好。

炒銀魚乾

　　銀魚乾的鈣質含量比鯒魚（小鯤魚）高，是孩子從小就不斷給他們吃的食物。比起太薄的銀魚乾，稍厚一點的銀魚乾較美味。銀魚乾除了可以簡單料理為配菜，還可以炸得酥脆後，撒上砂糖，作為孩子的營養點心。

請準備以下食材！

主材料 銀魚乾2片、青辣椒1/2根、大蒜2瓣、果糖1小匙、芝麻油1/2小匙、熟白芝麻1小匙、食用油1小匙

醃　醬 韓式辣椒醬2小匙、醬油1小匙、砂糖1小匙、清酒1小匙、食用油1小匙

料理秘訣
可直接以魩魚取代銀魚乾。

1 將銀魚乾切成一口大小；大蒜切片；青辣椒切圓片，去籽。

2 調製醃醬。

料理秘訣
請戴上手套輕輕攪拌。

3 將醃醬倒入銀魚乾內，輕輕攪拌後，醃漬10分鐘。

4 食用油倒人平底鍋內，先爆炒大蒜，待炒出香氣後，再放入銀魚乾拌炒。

5 倒入青辣椒、果糖、芝麻油，拌炒均匀後，撒上熟白芝麻即可。

魷魚韭菜煎餅

韭菜又被稱為護肝蔬菜，富含對肝臟、腎臟有益的維生素。請試著將韭菜料理成孩子喜歡的煎餅，或是製作成涼拌菜，讓孩子也能攝取到充滿春天朝氣的療癒能量。

請準備以下食材！

主材料 魷魚身1/2片、韭菜30g、紅蘿蔔1/8根、食用油少許

煎餅糊 煎餅粉1/2杯、雞蛋1顆、魚露1小匙、水1/2杯

料理秘訣
去除魷魚內臟，洗淨，與韭菜、紅蘿蔔分別切碎。

1 去除魷魚內臟，洗淨，與韭菜、紅蘿蔔分別切碎。

2 調製煎餅糊。

3 將切碎的食材放入煎麵糊中，攪拌均勻。

4 平底鍋燒熱，倒入食用油。用湯匙平均舀取拌好材料的煎餅糊，入鍋，煎至兩面金黃香酥即可。

魚子蛋花湯

可以一次多買一些明太子，置於冰箱冷藏室，在料理蒸蛋或炒飯、義大利麵時，適量取出使用。也可以在煮滾的蛋花湯內加入明太子，即使不另外調味，也能喝到甘醇的好滋味。

請準備以下食材！

主材料　明太子60g、小魚乾昆布高湯2+1/2杯、蘿蔔50g、雞蛋2顆、辣椒（青辣椒、紅辣椒）各1/2根、蔥2根、蒜末1小匙、鹽適量

料理秘訣
放入明太魚子，煮熟，以適量的鹽調味，再慢慢倒入蛋液，撒上辣椒片、蔥花後，再稍煮一會兒即可。怕辣可將辣椒籽去除。

1 蘿蔔切絲；蔥切花、辣椒（青辣椒、紅辣椒）切薄圓片。

2 明太子切小塊；雞蛋打成蛋汁。

3 湯鍋內倒入高湯、蘿蔔絲、蒜末，煮至蘿蔔熟，轉中火。

4 放入明太子，煮熟，以適量的鹽調味，再慢慢倒入蛋液，撒上辣椒片、蔥花後再稍煮即可。

3rd Tuesday

【第三週星期二】 火腿肉蛋捲、蛤蜊湯

趕走疲憊的特製早餐

　　即使孩子疲於準備考試，導致食慾降低而不肯吃早餐，也有幾道料理能讓孩子自動舉起筷子。其中能刺激孩子食慾的火腿肉、起司與雞蛋的絕妙組合，就是「火腿肉蛋捲」，這道早餐據女兒說足以媲美知名連鎖店的超人氣套餐！在孩子看起來無精打采的日子，用媽媽滿滿的愛心來準備這道早餐吧。也許會聽到孩子精神抖擻地大喊：「我上學去了。」

請依此順序準備！

醬醃蘿蔔切絲，浸於冷水中去除鹹味 ➜ 醬燒火腿肉 ➜ 醬醃蘿蔔調味 ➜ 煮蛤蜊湯 ➜ 冷凍飯解凍 ➜ 完成火腿肉蛋捲 ➜ 水果切盤

前晚準備更快速

· 醬醃蘿蔔調味。
· 醬燒火腿肉。

火腿肉蛋捲

　　放入醬燒火腿肉，捲成迷你壽司，再捲上一層蛋衣，稍微煎過。這道火腿肉蛋捲乍看步驟複雜，其實真正製作過一次後，便可熟能生巧。另外，在蛋衣內稍微灑上乳酪絲，蛋捲不但不容易散開，還能散發出迷人的起司香氣，輕鬆擄獲孩子們的味蕾。

請準備以下食材！

主材料　低鹽火腿1/2條、海苔4片、芝麻葉4片、飯2碗、醬醃蘿蔔50g、披薩專用乳酪絲1/2杯、雞蛋4顆、鹽少許、食用油少許

飯調味醬　鹽1小匙、芝麻油1大匙、熟白芝麻1大匙

醬燒火腿肉醬汁　韓式辣椒醬1/2大匙、料理酒1/2大匙、水1大匙、果糖1/2大匙、食用油1小匙

醬醃蘿蔔調味醬　砂糖少許、芝麻油1/2小匙、糖漬梅汁1/2小匙

料理秘訣
以中小火慢煎，避免醬汁燒焦。

1 先將醬燒火腿肉醬汁的材料倒入平底鍋，煮至冒泡滾開後，再放入火腿均勻醬燒入味。

2 醬醃蘿蔔切絲，泡入冷開水中去除鹹味後，擠出水分，倒入醬醃蘿蔔調味醬材料攪拌均勻。

3 將飯調味醬倒入熱飯中拌勻調味。

料理秘訣
乳酪絲放太多，會變得較油膩，蛋衣不易固定。

4 將白飯鋪開至海苔面積的2/3，放上芝麻葉、醬燒火腿肉、醬醃蘿蔔絲捲起。

5 打勻的蛋液以鹽調味後，均勻倒入預熱好的平底鍋內，撒上少許乳酪絲。

6 放上捲好的火腿肉飯捲，一邊煎熟，一邊慢慢捲起。完全捲好後，起鍋，切片。

蛤蜊湯

　　一包市售已吐淨沙的蛤蜊，就能在早上輕鬆煮出一鍋清澈的蛤蜊湯。偶爾加入豆腐或蘿蔔一起煮也不錯，用花蛤等貝類代替，也可以在早晨餐桌上品嚐到海洋的鮮味。

請準備以下食材！

主材料　蛤蜊（或花蛤）1包、蔥1根、昆布高湯2杯、鹽少許

料理秘訣
購買吐過沙的蛤蜊最方便。如果買不到，前一晚請先讓蛤蜊吐沙。

1 蛤蜊置於鹽水中吐沙；蔥切花。

2 將蛤蜊洗淨，放入湯鍋內，倒入昆布高湯煮。

3 煮至蛤蜊開口，以鹽調味，盛入碗後，撒上蔥花即可。

3rd Wednesday

【第三週星期三】 烤牛肉三明治、草莓沙拉

比漢堡更美味的媽媽牌三明治

據說學校辦活動的時候，孩子最常吃的速食就是牛肉漢堡。也許是因為最對孩子的胃口吧！孩子不想吃飯的星期三，就用高品質的牛肉製作更新鮮、營養價值更高的媽媽牌牛肉三明治吧！市售牛肉漢堡比不上的好滋味，孩子最先知道。

請依此順序準備！

醃漬牛肉 ➜ 處理用於三明治內餡的食材 ➜ 調製沙拉醬、抹醬 ➜ 烤麵包 ➜ 完成三明治 ➜ 完成沙拉 ➜ 與豆漿一同上桌

前晚準備更快速

・醃漬牛肉。
・調製抹醬、沙拉醬。

烤牛肉三明治

　　用切片的黑麥麵包製作三明治，不僅外觀漂亮，也因為含有黑麥，比一般白吐司更美味。尤其蛋白質與纖維素較碳水化合物多，具有極高的營養價值。在炒熟的牛肉中放入一小塊奶油，可提升牛肉三明治的滋味。

請準備以下食材！

主材料 烤肉用牛肉片200g、番茄1顆、結球萵苣2片、起司片2片、洋蔥1/2顆、黑麥麵包4片、奶油1小匙

抹　醬 美乃滋1＋1/2大匙、酸黃瓜醬1大匙、芥末籽醬1/2大匙

牛肉醃醬 醬油2大匙、砂糖1小匙、清酒1小匙、蒜末1/2小匙、蔥花1小匙、芝麻油1小匙、胡椒粉少許

料理秘訣
牛肉片先放在廚房紙巾上，吸除血水後再使用。

料理秘訣
洋蔥先泡水再使用，可去除辛辣嗆味。

1 將牛肉醃醬與牛肉片輕輕攪拌後，醃漬約10分鐘。

2 洋蔥、番茄切圓片；結球萵苣撕小片浸泡於冷開水中，再瀝乾水分。

3 抹醬材料放入容器中調勻。

料理秘訣
為便於食用，可以先以竹籤固定兩邊，從中間切半再吃。

4 將醬醃牛肉片倒入預熱好的平底鍋內，乾炒至牛肉熟透後，放入奶油，炒至奶油融化、出香味，熄火，盛出。

5 黑麥麵包烤過後，各抹上一層薄薄的抹醬。

6 依序將結球萵苣、番茄、洋蔥、牛肉片、起司片排放黑麥麵包上，再蓋上一片黑麥麵包，以手掌輕壓後，插上竹籤就完成了。

草莓沙拉

　　當季盛產的草莓淋上以香甜優格製成的沙拉醬，就算是不喜歡沙拉的孩子，也會改變心意。以奇異果或香蕉或蘋果代替草莓，也很適合使用在這一道沙拉做變化哦！

主材料　草莓10顆、綜合生食蔬菜2杯、鳳梨果肉2塊

沙拉醬　美乃滋2大匙、鮮奶油優格2大匙、檸檬汁1/2大匙、蜂蜜1/2大匙

1 草莓去蒂頭，切對半；鳳梨果肉切細丁。

2 綜合生食蔬菜浸泡冰開水，冰鎮至涼，再瀝乾水分。

3 沙拉醬材料調勻，加入鳳梨果肉丁攪拌均勻。

4 依序將綜合生食蔬菜、鳳梨沙拉、草莓盛入盤中即可。

【第三週星期四】 香辣滑蛋蓋飯、辣醬拌莧菜

充滿鮮味的高級鮮蝦蓋飯

　　蝦仁當然是孩子們最喜歡的食材。煎得柔嫩的蝦仁，與辣中帶甜的韓式辣椒醬（ChiliSauce）攪拌均勻，擺在滑嫩的炒蛋上，怎麼樣孩子都會吃得精光。另外，再搭配以辣椒調味醬調味的莧菜代替泡菜。在美味主菜的加持下，孩子也會把春季蔬菜一起吃光光。

請依此順序準備！

蝦仁解凍 ➜ 煮飯 ➜ 調製韓式辣椒醬（ChiliSauce）、辣椒調味醬 ➜
醃漬蝦仁 ➜ 莧菜汆燙後，與辣椒調味醬攪拌均勻 ➜ 完成香辣滑蛋蓋飯 ➜
切好水果一起上桌

＊料理中出現ChiliSauce與韓式辣椒醬，中文皆譯為韓式辣椒醬。為避免混淆，
　若原文為ChiliSauce，則於中文後標註英文，若為韓式辣椒醬，則不標註。本
　書譯文皆同此原則。

香辣滑蛋蓋飯

　　辣炒蝦仁一般多將蝦仁炸過再料理，不過作為蓋飯時，煎得柔嫩的蝦仁會比炸蝦更適合白飯。調製韓式辣炒醬時，不妨將孩子容易挑食的洋蔥、彩色甜椒、花椰菜、紅蘿蔔、香菇等切碎，加入醬汁中。香甜的醬汁會融化偏食的味覺，讓孩子全部吃光。

請準備以下食材！

主材料 飯1＋1/2碗、冷凍蝦仁8隻、雞蛋3顆、洋蔥1/4顆、彩椒1/2顆、蔥2根、太白粉水1小匙、鹽少許、胡椒粉少許、食用油少許

蝦仁醃醬 清酒1大匙、鹽少許、胡椒粉少許

韓式辣炒醬 韓式辣椒醬2大匙、砂糖1/2大匙、番茄醬1＋1/2大匙、黑豆瓣醬1/2大匙、食醋1/2大匙、水1＋1/2大匙

1 將冷凍蝦仁解凍，背部劃開一刀，用牙籤剔除腸泥後，以蝦仁醃醬醃漬入味約15分鐘。

2 蔥切蔥花；洋蔥、彩甜椒切細丁。

3 韓式辣炒醬放入容器調勻。

> 料理秘訣
> 韓式辣椒醬可省略。

> 料理秘訣
> 勾芡水是由太白粉與水1比1混合而成。

4 蛋液打勻後以鹽、胡椒粉調味。倒入已有食用油的熱鍋中，快速拌炒至仍濕潤的8分熟滑蛋，先起鍋。再將醃好的蝦仁入鍋，煎至全熟，先起鍋。

5 將洋蔥丁、彩椒丁放入鍋中炒至出香味，待洋蔥丁變透明，再倒入韓式辣炒醬，拌煮至滾沸後，加入蝦仁拌炒均勻後，以太白粉水勾芡。

6 將炒蛋鋪放在飯上，再擺上辣炒蝦仁，撒上蔥花即可。

辣醬拌莧菜

　　在春季蔬菜中，莧菜的氣味是比較不強烈的，也是孩子們可以接受的蔬菜。富含維生素的莧菜，到了夏天口感會變得較硬，最好在充滿春天氣息的時節，稍微汆燙過後，與開胃的辣椒調味醬攪拌均勻，柔嫩的口感最適合作為孩子的配菜。

主材料 莧菜200g

辣椒調味醬 韓式辣椒醬2小匙、韓式味噌醬1小匙、蔥花1小匙、蒜末1小匙、
魚露1/2小匙、砂糖1小匙、辣椒粉1/2大匙、熟白芝麻1大匙、
芝麻油1/2大匙

1 莧菜挑揀好後，在滾水內
加入少許鹽，再將莧菜入
鍋汆燙至熟，撈出，放
入冷開水內淘涼，擠乾水
分。

2 辣椒調味醬材料放入容器
調勻。

> 料理秘訣
> 韓式辣椒醬及辣椒粉
> 可省略。

3 將調好的辣椒調味醬與莧
菜攪拌均勻即可。

【第三週星期五】  菜包牛蒡牛肉飯、春白菜韓式味噌醬湯

校外教學早上的變化料理菜包飯

　　參加校外教學的當天早上，雖然可以將午餐飯捲的前後切下當作早餐，不過接著中午又得吃飯捲的孩子，會不會對早午餐相同的料理敬而遠之？不妨用準備飯捲的食材，加上牛肉炒飯，輕輕鬆鬆變出一道菜包飯，搭配一碗溫暖的熱湯，這樣的早餐不僅容易消化，也能讓孩子整個早上充滿活力！

請依此順序準備！

煮飯 ➡ 醃漬牛肉 ➡ 汆燙寬葉羽衣甘藍 ➡ 調製堅果包飯醬 ➡
煮韓式味噌醬湯 ➡ 炒肉完成後，製作菜包飯 ➡
切好水果，與韓式味噌醬湯一同上桌

前晚準備更快速

・調製堅果包飯醬。
・汆燙寬葉羽衣甘藍。
・挑揀春白菜。
・將醬醃牛肉炒熟。

菜包牛蒡牛肉飯

　　雖然牛蒡直接燉湯比較美味，不過將市售包飯捲專用的滷牛蒡加入牛肉飯丸內，脆脆的口感和特有的香氣可是相當搭配呢。牛蒡可去除脂肪與膽固醇，是有助於孩子成長發育的食材。如果孩子不太吃牛蒡，不妨將牛蒡煮成甜味，放入一口飯丸或飯捲等料理內也可以。

請準備以下食材！

主材料　飯2碗、滷牛蒡30g、牛絞肉100g、寬葉羽衣甘藍16片

牛肉醃醬　醬油2小匙、砂糖1小匙、寡糖1小匙、蒜末1/2小匙、芝麻油1/2小匙、胡椒粉少許

堅果包飯醬　碎堅果2大匙、韓式味噌醬2大匙、韓式辣椒醬1小匙、砂糖1/2小匙、糖漬梅汁1大匙、芝麻油1小匙

料理秘訣
羽衣甘藍放涼後，剪去粗枝。

1　將羽衣甘藍放入有加少許鹽的滾水中汆燙至熟，撈出，泡入冷開水中降溫。

2　碎堅果入鍋乾炒至出香味，起鍋，與其他包飯醬材料攪拌均勻，即成堅果包飯醬。

3　牛絞肉與牛肉醃醬輕輕拌勻後，入鍋內炒熟炒香。

料理秘訣
為方便食用，可以切半後，再擺上堅果包飯醬。辣椒醬可省略。

4　將滷牛蒡切成小丁。

5　將炒牛絞肉、滷牛蒡丁放入飯中，捏成一口大小飯丸。

6　將飯丸放在汆燙後的羽衣甘藍葉上捲起，最後放上少許堅果包飯醬即可。

春白菜韓式味噌醬湯

　　似乎要向大地生物報春似地長出金黃色葉片的春白菜，做成涼拌生菜就很好吃，不過放入韓式味噌醬湯裡煮，其鮮甜的滋味也很適合作為早餐的湯品。花蛤可用蛤蜊或蝦仁、花枝代替，將豆腐切塊放進湯裡，更可增加蛋白質的攝取。

主材料 春白菜150g、花蛤1包、小魚乾昆布高湯4杯、韓式味噌醬1＋1/2大匙

1 春白菜一片一片撕下、沖洗淨，再切成兩半。花蛤泡水吐沙。

2 將高湯倒入湯鍋內，煮滾後放入韓式味噌醬攪拌均勻。

3 放入春白菜、花蛤，煮滾後轉中火再煮約10分鐘即可。

是否有市售知名韓式味噌醬較甜的偏見？我也曾經有過這樣的想法，後來使用過「好餐得名品鄉村韓式味噌醬（해찬들명품시골된장）」，便被那濃郁的韓式味噌醬滋味給吸引了。

不會太甜，滋味可口的名品鄉村韓式味噌醬，可廣泛應用於各種料理。就像自家媽媽釀造的家鄉韓式味噌醬一樣，能帶出豐富的滋味。在時間較匆忙的早晨，我也能立刻煮出滋味濃郁的韓式味噌醬湯。

【第四週星期一】 速成雜菜冬粉、醬燒魚板、蔓越莓雞肉沙拉、鮮干貝海帶湯

生日快樂套餐

　　因為孩子生日，要比平時早起10分鐘，對媽媽而言也是一件苦差事……回想著孩子10歲生日之前，我是如何每一年辛苦準備白蒸糕（＊將米粉蒸熟製成的純白蒸糕，是韓國傳統節日食物）、三色菜（＊即桔梗、菠菜、蕨菜三種菜，是祭祖時使用的料理）與連同海帶湯在內的三神床料理（＊產後祭祀產神的料理，必須包含白飯與海帶湯），不過換個方向思考，她們生為我的女兒，至今健健康康、平平安安地長大，就已經再幸福不過了。於是一邊懷著感恩的心，一邊又穿起了圍裙。雖然孩子嘴中說著：「為什麼一大早要弄得那麼忙碌？」不過也許是理解媽媽的心情吧！看著她們將餐桌上的早餐全部吃個精光，正是最美的早晨風光。

請依此順序準備！

煮飯 ➡ 冬粉泡發 ➡ 煮鮮干貝海帶湯 ➡ 醃漬用於雜菜冬粉的肉 ➡ 切蔬菜 ➡ 調製雜菜冬粉調味醬、沙拉醬、辣醬 ➡ 雜菜冬粉放入平底鍋炒熟 ➡ 製作醬燒魚板 ➡ 沙拉裝盤淋上沙拉醬

前晚準備更快速

・煮鮮干貝海帶湯。
・調製沙拉醬。
・挑揀用於雜菜冬粉的蔬菜。
・調製辣醬。
・冬粉泡發。

速成雜菜冬粉

　　早餐吃雜菜冬粉？是否覺得有些奇怪？如果不是要煮大量的雜菜冬粉，不必個別炒好配料再拌炒，只要準備好食材，就能在10分鐘內端出速成雜菜冬粉。覺得生日料理中絕對不能少了雜菜冬粉的想法，是不是洩漏了我的年紀？

請準備以下食材！

主材料　冬粉150g、牛肉絲100g、菠菜50g、泡發黑木耳2片、秀珍菇100g、
　　　　彩色甜椒（紅甜椒、黃甜椒）各1/4顆、洋蔥1/2顆、鹽少許、胡椒粉少許、
　　　　熟白芝麻1/2大匙

牛肉醃醬　醬油1大匙、砂糖1/2大匙、蒜末1小匙、芝麻油1/2小匙

調味醬　醬油1＋1/2大匙、砂糖2大匙、芝麻油1大匙

1 冬粉放入溫水中泡約20分鐘至軟，瀝乾水分。

2 洋蔥、彩色甜椒、秀珍菇全部切成相同粗絲狀；黑木耳切小片；菠菜洗淨，切成方便食用的長段。

3 牛肉絲以牛肉醃醬醃漬入味。

料理秘訣
此時應使用底部較寬、較厚的三層底平底鍋或鑄鐵鍋，熱傳導面積大，食材不容易燒焦，受熱較均勻。

4 將調味醬倒入泡發冬粉內攪拌。

5 將準備好的蔬菜鋪滿平底鍋，撒上鹽，再放入醬醃牛肉、冬粉，蓋上鍋蓋，以小火煮熟。

6 繼續煮至湯汁收乾，撒上胡椒粉、熟白芝麻攪拌均勻，即可起鍋。

醬燒魚板

　　生日料理得考慮壽星的喜好。因此，我不禁想起能重現校園周邊辣炸雞丁滋味的醬燒魚板，也許會是最適合孩子生日料理的配菜。一整桌口味清淡的生日早餐中，來點稍微辛辣的料理，或許有畫龍點睛之妙喔！

請準備以下食材！

主材料　圓形魚板1杯、雞蛋1/2顆、綠豆粉2大匙、玉米罐頭2大匙、食用油2大匙

辣　醬　甜辣醬（ChiliSauce）2大匙、韓式辣椒醬1大匙、番茄醬1小匙、果糖1小匙、
　　　　蒜末1小匙

料理秘訣
可使用甜不辣丁取代圓
形魚板。

1 將圓形魚板與雞蛋、綠豆
粉攪拌均勻。

2 將魚板放入熱油鍋炸熟
後，撈起。

3 倒出炸油，放入辣醬材料
煮至滾沸。

4 將油炸魚板、玉米粒倒入
辣醬中，拌煮至辣醬汁收
乾後，起鍋。

料理秘訣
可省略韓式辣椒醬以蠔
油取代。

蔓越莓雞肉沙拉

　　只要有綜合蔬菜和雞胸肉罐頭（亦可使用新鮮煮熟的雞胸肉），就能輕鬆上桌的一道沙拉。使用鮪魚罐頭、鮭魚罐頭代替雞胸肉罐頭，還能變化出不同的沙拉料理喔。

請準備以下食材！

主材料　雞胸肉罐頭1罐、綜合蔬菜2杯、蔓越莓1大匙

沙拉醬　檸檬汁2大匙、蜂蜜2大匙、芥末籽醬2小匙、橄欖油4大匙、 鹽少許

1 沙拉醬材料放入容器調勻。

2 取出雞胸肉，切成適合食用的大小；綜合蔬菜洗淨，瀝乾水分。

3 綜合蔬菜、雞胸肉、蔓越莓放入盤中，淋上沙拉醬即可。

腰子貝海帶湯

由於口感滑嫩清淡，煮湯時我大多選擇海帶湯，不過早上沒有太多時間熬湯，因此湯底主要使用鮪魚罐頭或貝肉、牛角蛤來代替牛肉。尤其牛角蛤不僅可以在短時間內煮出白色的湯頭，甘甜鮮嫩的滋味也深受孩子們的喜愛。

※牛角蛤中的干貝形似腰子，故稱為腰子貝，原韓文料理名稱為「牛角蛤海帶湯」，不過一般多以腰子貝稱呼，故全書皆譯為「腰子貝海帶湯」

請準備以下食材！

主材料 泡發海帶2杯、牛角蛤2顆、芝麻油1大匙、蒜末1小匙、水5杯

調味料 醬油1大匙、魚露1/2大匙

料理秘訣
將干貝表面的白膜挑除再切，食用時才不會難以咀嚼。可用蛤蜊代替。

1 清除牛角蛤的內臟後，將干貝與貝唇切成適合食用的大小。

2 將泡發海帶切成適合食用的大小，連同芝麻油、蒜末放入湯鍋內，拌炒約3分鐘。

3 放入切好的貝肉炒過，倒入水、醬油、魚露，蓋上鍋蓋煮5分鐘，再轉中火煮10分鐘即可。

【第四週星期二】 🍴 豬排丼飯

利用冷凍豬排端出日式料理

　　每一至兩個月左右，我會找一天採購烤肉片和豬肉片，把冰箱冷凍櫃塞得滿滿。那麼，幾個月內都能確定肉品食物充足了。如果這樣都覺得麻煩的話，也可以購買知名且美味的市售料理豬排回來，冰在冰箱裡備用。豬排可以炸過後淋上醬汁，擺上蔬菜絲做成豬排蓋飯，或是改用咖哩醬做成咖哩豬排蓋飯，又或是像今天一樣，以昆布高湯拌入蛋液煮，再淋在飯上做成丼飯。多加任何一道料理步驟，豬排飯就不再是豬排飯，而是可以號稱為媽媽牌的獨家料理了。

請依此順序準備！

煮飯 ➡ 打蛋；洋蔥、海苔切絲；蔥切花 ➡ 準備泡菜、水果 ➡ 炸豬排 ➡ 完成豬排丼飯

豬排丼飯

　　炸得酥脆的豬排，是孩子們最喜愛的食物。尤其滑嫩的蛋花蓋在豬排上，使豬排丼飯吃起來特別柔嫩順口，很適合作為早餐料理。一次準備1人份，可加快料理時間，避免豬排受潮變軟。

請準備以下食材！

主材料　日式豬排2片、雞蛋3顆、飯1＋1/2碗、洋蔥1/2顆、蔥1根、海苔少許

丼飯醬汁　昆布高湯1杯、料理酒4大匙、醬油3大匙、清酒1大匙、砂糖2小匙、
　　　　　鹽少許、胡椒粉少許

1 打蛋；洋蔥切絲；蔥切蔥
　花；海苔切細絲。

2 取出日式豬排入油鍋炸熱
　炸香酥。

料理秘訣
料理豬排丼飯時，使用
小平底鍋或底部較薄
的平底鍋，一次煮1人
份，可加快煮熟的時
間。

3 將丼飯醬汁材料倒入湯鍋
　內，放入洋蔥絲煮。

4 當醬汁滾開後，放入炸豬
　排，煮一下。

5 再倒入蛋液，煮至蛋液呈
　半凝結。

6 白飯盛盤，倒入豬排丼
　後，撒上蔥花與海苔絲即
　可。

【第四週星期三】 培根蛋吐司、起司沙拉、草莓優格

色彩繽紛的美味小巧吐司

現在孩子們知道星期三的早餐不是米飯，而是特別菜單時，自然會對星期三早餐充滿期待。只要從外觀或調理方式著手，將每天一成不變的三明治或吐司稍加改變，孩子們必定會大受感動。顏色鮮艷的草莓優格，搭配上色彩繽紛的起司沙拉，這道從視覺帶給孩子感動的早餐，也是能讓孩子感受到滿滿母愛的早餐。

請依此順序準備！

調製沙拉醬 ➜ 烤培根蛋吐司 ➜ 完成起司沙拉 ➜ 將草莓打碎，完成草莓優格

前晚準備更快速

・製作沙拉醬。

Wednesday
培根蛋吐司

　　培根蛋吐司就像做雞蛋糕一樣容易料理，因此經常用來當作孩子們的早餐。除了培根蛋吐司外，還有沙拉與果汁，女生早餐只要吃一個就已足夠，如果是男生的話，大概要做兩個吧？

請準備以下食材！🧂🌙

主材料　吐司2片、培根2條、雞蛋2顆、鹽少許、胡椒粉少許、巴西利碎少許

料理秘訣
若是稍微變硬的吐司，可用噴霧器噴水後擀平。

料理秘訣
也可以放入微波爐中快速加熱。

1 切除吐司邊，以擀麵棍擀平。

2 培根切半，放入預熱好的平底鍋內煎熟。

料理秘訣
或以其他小圓杯模具取代瑪芬模具。

3 將吐司塞入瑪芬模具內，再放上培根，打上一顆蛋，撒點鹽、胡椒粉。移入已預熱至180℃的烤箱中，烤約15分鐘，再撒上巴西利碎，即可。

Wednesday
起司沙拉

　　是一道加入清淡的莫札瑞拉起司，口味清爽的沙拉料理。春天盛產滋味微鹹的大渚番茄（＊於釜山市江西區大渚出產的番茄），若在起司沙拉內加入大渚番茄，還可一次享受到甜、酸、鹹三種滋味。

請準備以下食材！

主材料　番茄1/2顆、莫札瑞拉起司100g、橄欖2顆、綜合生食蔬菜2杯

起司調味醬　橄欖油1大匙、鹽少許、胡椒粉少許

沙拉醬　橄欖油1＋1/2大匙、芥末醬1小匙、巴薩米克醋2小匙、蜂蜜1小匙、鹽少許、胡椒粉少許

1 沙拉醬材料調勻；綜合生食蔬菜浸泡於冷水中，再瀝乾水分。

2 沙拉醬材料調勻；綜合生食蔬菜浸泡於冷水中，再瀝乾水分。

3 番茄切丁；橄欖切圓丁，與綜合生食蔬菜、起司混合，盛盤，淋上沙拉醬即可。

Wednesday
草莓優格

孩子升上高年級後，運動量逐漸減少，容易出現便秘的情況。利用當季食材搭配優格，再以寡糖調整甜度製成的水果優格，不僅可以作為孩子們的點心，也很適合當作健康飲料喝。

請準備以下食材！

主材料 草莓10顆、原味優格2杯、寡糖1大匙、檸檬汁1大匙、牛奶1/2杯

> 料理秘訣
> 如果無法完全打碎，
> 請再倒入1杯水。

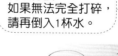

1 將原味優格分別倒入兩個杯子裡。

2 將草莓、檸檬汁、寡糖倒入果汁機攪打成汁。

3 完成後倒入裝有原味優格的杯子內，再各倒入1/4杯的牛奶。

【第四週星期四】 鮪魚炒飯、涼拌珠蔥黃豆芽

營養豐富、不挑食的特級料理

　　炒飯可說是媽媽們最常做料理的早餐，因為食材豐富，料理過程簡單，孩子們又喜歡吃。在我看來，炒飯是可以將孩子不太吃的食材，變成都能接受的絕佳料理。最特別的是，紅蘿蔔、韭菜、洋蔥這類直接端到孩子面前，就會被孩子挑出的食材，如果放進炒飯中，孩子卻可以吃個精光，不得不說炒飯才是真正的特級料理。

請依此順序準備！

冷凍飯解凍 ➡ 黃豆芽汆燙後，洗淨過篩 ➡ 挑揀珠蔥 ➡ 炒飯用蔬菜切碎 ➡
調製調味醬 ➡ 完成炒飯 ➡ 製作涼拌珠蔥黃豆芽 ➡ 切好水果一起上桌

前晚準備更快速

・調製調味醬。
・炒飯用蔬菜切碎。
・挑揀珠蔥。

鮪魚炒飯

　　利用冰箱冷藏室剩餘的蔬菜和鮪魚罐頭，就能炒出一道軟硬適中的炒飯。利用冷飯炒飯前，先將冷飯放入微波爐中微波，待冷飯加熱後再炒，可使米飯既不易吸油，又能入味。

請準備以下食材！

主材料 飯1＋1/2碗、鮪魚罐頭1罐、紅蘿蔔1/4根、洋蔥1/4顆、韭菜50g、雞蛋2顆、食用油少許

調味料 蠔油1/2大匙、鹽少許、胡椒粉少許

1 鮪魚過篩，瀝乾油脂。

2 紅蘿蔔、洋蔥、韭菜切成碎末。

3 蛋液打勻後以鹽調味，在平底鍋內倒入食用油，再倒入蛋液炒熟，先盛出。

4 平底鍋內倒入食用油，放入洋蔥末、紅蘿蔔末快炒，再加入鮪魚，以少許鹽調味、拌炒均勻。

5 倒入白飯，炒到米飯軟硬適中，再以蠔油、鹽、胡椒粉調味。

6 放入韭菜末、炒蛋，拌炒均勻，起鍋即可。

涼拌珠蔥黃豆芽

　　鮮脆的黃豆芽加上少許珠蔥，組成一道清爽的涼拌菜。味道稍嗆的珠蔥隱藏在黃豆芽中，孩子們較容易下嚥。如果這樣也不太吃的話，可以將烤過的海苔捏碎，撒在涼拌菜中一起吃。

主材料　黃豆芽100g、珠蔥30g、紫蘇籽油1小匙、芝麻油1小匙

調味醬　醬油1/2大匙、魚露1小匙、食醋2小匙、辣椒粉1小匙、砂糖1/2小匙、
熟白芝麻1小匙

料理秘訣
如果孩子討厭吃珠蔥，
可以再切碎一點。

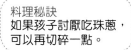

1 黃豆芽沖洗淨，與1杯水、少許鹽一起放入湯鍋中，蓋上鍋蓋，煮至冒煙，續煮3分鐘，撈出，放入冷水中淘洗後，瀝乾水分。

2 抖掉珠蔥沾黏的土，洗淨後切成4公分長。

3 調味醬材料調勻。

4 將調味醬、黃豆芽、珠蔥攪拌均勻，再倒入紫蘇籽油、芝麻油拌勻即可。

【第四週星期五】 乾拌菜飯捲、泥蚶湯

用剩下的乾拌菜變出健康早餐

　　以前的人肯定是一群熱衷健康生活的人，懂得隨季節的變化，攝取對健康最有幫助的食物。其中仍流傳至今的節氣食物，當然少不了元宵吃的乾拌菜和五穀飯。雖然孩子們可能不太喜歡，不過利用乾拌菜做成漂亮的飯捲，再搭配上紅色的美乃滋辣醬，早餐肯定立刻被一掃而空。

＊元宵乾拌菜—韓國元宵節食用的傳統料理，是將葫蘆、黃瓜、蘑菇、南瓜、白菜葉、蕨菜、橐吾、茄子等曬乾後做成的乾拌菜。

請依此順序準備！

泥蚶湯煮至第3步驟 ➔ 調製美乃滋辣醬 ➔ 捲乾拌菜飯捲 ➔
將蔬菜放入泥蚶湯，煮熟起鍋

前晚準備更快速

・泥蚶洗淨備用。
・調製美乃滋辣醬。

Friday

乾拌菜飯捲

　　用乾拌菜守護健康的先人智慧，加上新世代媽咪的創意，便可使平凡無奇的拌飯（一般與白飯拌著當拌飯吃）化身為獨具特色的乾拌菜飯捲。搭配飛魚卵一起吃，也別有風味。

請準備以下食材！

主材料　飯2碗、海苔2片、乾拌菜（蕨菜、蘿蔔葉、地瓜葉梗等）1杯

飯調味醬　鹽少許、芝麻1小匙、熟白芝麻1大匙

美乃滋辣醬　韓式辣椒醬1小匙、美乃滋2大匙、芝麻油1/2小匙

1 美乃滋辣醬材料放入容器調勻。

料理秘訣
若有剩下的五穀飯，也可以用五穀飯代替。

2 將飯調味醬倒入白飯內，攪拌均勻。

料理秘訣
乾拌菜的水分過多時，可以放在廚房紙巾上，待吸乾水分後再使用。

3 將飯平鋪於海苔上，中間擺上各種乾拌菜後捲起，再切成一口大小，與美乃滋辣醬一同上桌。

Friday
泥蚶湯

這是一道放入大量貝肉肥滿的泥蚶，煮出滋味清爽鮮甜的湯品料理。如果孩子不喜歡喝辣，也可以省略辣椒及辣椒粉。

請準備以下食材！

主材料 泥蚶250g、水2杯、秀珍菇3株、洋蔥1/4顆、青辣椒1根、紅辣椒1根、蔥1/2根

調味醬 韓式味噌醬1＋1/2大匙、蒜末1小匙、辣椒粉1/2小匙

料理秘訣
前一晚請先放入鹽水中吐沙。可用蛤蜊取代泥蚶。

料理秘訣
將水滾開冒出的表面泡沫要撈除掉。

1 泥蚶放入加有少許鹽的水，使其吐沙後，洗淨。

2 洋蔥切厚片；秀珍菇切半後，撕小片；辣椒切圓片；蔥切花。

3 湯鍋中放入泥蚶、水煮滾，放入韓式味噌醬。

4 放入秀珍菇、洋蔥、蒜末煮5分鐘後，撒上紅辣椒片、蔥花、辣椒粉，再稍煮一會，熄火即可。

夏天

可享用的當季食材

玉米 | 小黃瓜 | 鮑魚 | 馬鈴薯 | 青脆辣椒 | 芝麻葉 | 西瓜 | 花椰菜 | 水蜜桃 |
葡萄 | 小番茄

＊青脆辣椒是由青辣椒（풋고추）與青椒等混種開發的新品種，外形與青辣椒相
似，但口感清脆不辛辣，常見於韓國料理的小菜中。可用糯米椒代替。

PART 02

Summer

 **Scheduler**

	Monday	Tuesday

涼拌鮮蝦花椰菜
馬鈴薯炒魚板
小黃瓜海帶冷湯

小黃瓜蟹肉醋飯
涼拌醃蘿蔔
水果

馬鈴薯起司煎蛋
醬燒辣魚板
豬肉炒茄子

速成生魚片醋飯
蕎麥麵

雞絲燉雞湯
涼拌青脆辣椒

烤牛肉片佐紫蘇籽飯丸
越南鮮蔬春捲

紐約客牛排佐生菜
小黃瓜炒杏鮑菇

魚蝦醬拌飯
豆腐漿飲
水果

三明治日
！！

| Wednesday | Thursday | Friday |

鮑魚粥
涼拌榨菜
水果

蔥花蛋炒飯
涼拌醃小黃瓜
水果

簡易海苔飯捲
西瓜汽水

餐包三明治
藍莓香蕉果汁

燻鴨鮮蔬蓋飯
番茄小黃瓜沙拉
泡菜
水果

三角飯糰
葡萄柚汁

簡易碳烤三明治
水蜜桃冰沙

鮪魚鮮蔬拌飯
油豆腐味噌湯
水果

蟹肉散壽司
辣豆腐湯
水果

鮪魚沙拉三明治
小番茄汁

豆腐咖哩炒飯
葡萄蔬果醬沙拉
泡菜

飛魚卵豆皮壽司
半熟蛋沙拉

＊料理名稱以顏色標示者，為方便消化，又能在早上吃得輕鬆無負擔的料理。

【第一週星期一】 涼拌鮮蝦花椰菜、馬鈴薯炒魚板、小黃瓜海帶冷湯

夏天就是要清爽的涼拌料理

　　隨著天氣逐漸炎熱，無論是吃早餐的孩子，或是準備早餐的媽媽，任誰都覺得提不起勁，時常有「隨便吃個玉米片或吐司了事吧？」的想法。每到夏天，我總會選用有益孩子健康的食物，同時以更簡單、更能抓住孩子胃口的調理方式料理，完成星期一的早餐。

請依此順序準備！

煮飯 ➡ 泡發海帶 ➡ 調製涼拌鮮蝦花椰菜、馬鈴薯炒魚板、小黃瓜海帶冷湯的調味醬 ➡ 製作小黃瓜海帶湯，放入冰箱冷藏 ➡ 花椰菜、蝦仁、魚板汆燙 ➡ 完成涼拌鮮蝦花椰菜 ➡ 完成馬鈴薯炒魚板 ➡ 盛飯，將冰塊放入小黃瓜海帶冷湯，與涼拌鮮蝦花椰菜、馬鈴薯炒魚板一起上桌

前晚準備更快速

· 蝦仁、花椰菜汆燙。
· 製作馬鈴薯炒魚板。
· 小黃瓜海帶湯完成至第2步驟。
· 芝麻粒磨碎。

涼拌鮮蝦花椰菜

　　從花椰菜獲選為十大超級食物後，常想著要多吃一些而上市場買，不過每回買花椰菜回家後，總是直接汆燙，再蘸醬吃，漸漸覺得有點乏味。汆燙後的花椰菜，其實可以放入冰箱冷凍，日後當作炒飯的材料；也可以淋上美味的芝麻醬，或是切碎後放入沙拉中，都能讓孩子充分攝取花椰菜。

主材料　蝦仁乾1/2杯、花椰菜1/2顆、柴魚片1/4杯、鹽少許

調味醬　芝麻粒3大匙、砂糖1小匙、醬油2小匙、料理酒1大匙、鹽少許、
　　　　　芝麻油少許

1 將調味醬材料放入容器中，加入磨碎芝麻粒攪拌均勻。

2 花椰菜切成一口大小，在滾水內撒上少許鹽，放入花椰菜汆燙後放涼。

3 蝦仁汆燙後，放入冷水中待涼。

4 將汆燙後放涼的蝦仁、花椰菜放入調味醬中，攪拌均勻後，灑上柴魚片，即可。

馬鈴薯炒魚板

　　將孩子們喜歡的魚板與馬鈴薯炒在一起，可同時攝取維生素與鈣質。拌炒時放入少許的奶油，可增加食物的香氣，讓孩子們愛不釋口。

請準備以下食材！

主材料　四角魚板1片、馬鈴薯1/2顆、大蔥1/4根、食用油1大匙、奶油1小匙、芝麻粒1/2小匙

調味醬　醬油1/2大匙、蒜末1/2小匙、果糖1小匙、鹽少許、胡椒粉少許

> 料理秘訣
> 魚板先以滾水汆燙後再使用，可去除其中的食品添加物。或以甜不辣取代。

1 魚板切成一口大小；馬鈴薯切薄片，浸泡於冷水中；大蔥斜切。

2 將食用油平均倒入平底鍋內，放入馬鈴薯片翻炒。

3 待馬鈴薯表面炒熟後，放入魚板、調味醬材料一起拌炒。

4 炒至調味醬入味後，放入大蔥、奶油、芝麻粒，再略炒入味，即可。

Monday

小黃瓜海帶冷湯

　　氣溫高熱到讓人只想吃冰涼食物的季節，當然少不了這道小黃瓜海帶冷湯。它不僅可以補充水分，還能將體內的廢物排出，是非常優質的湯品料理。在炎熱難耐的夏天，不妨多料理這道消暑的冷湯搭配主餐吃。

請準備以下食材！

| 主材料 | 乾海帶10g、小黃瓜1/4根、芝麻粒1小匙、昆布高湯2杯半 |
| 調味醬 | 醬油1大匙、食醋1大匙、蒜末1/2小匙、砂糖1小匙、鹽少許 |

料理秘訣
請將昆布高湯冷藏後再使用。

1 將海帶泡發，洗淨後切成適合食用的大小；小黃瓜切絲。

2 將調味醬倒入泡發海帶內，攪拌均勻。

3 倒入昆布高湯、小黃瓜絲，攪拌後完成。

【第一週星期二】 小黃瓜蟹肉醋飯、涼拌醃黃蘿蔔

鮮甜爽脆的蟹肉醋飯套餐

　　將清淡的蟹肉撕成細絲，製作蟹肉沙拉，再選用當季盛產的新鮮小黃瓜，完成小黃瓜蟹肉醋飯，便是這道早餐套餐。將小黃瓜切長片捲成飯捲，不僅美觀，也能品嚐到小黃瓜爽脆的口感，為蟹肉沙拉加分不少。另外再搭配以口感清脆的醃黃蘿蔔做成的涼拌醃黃蘿蔔，更令人食慾大增。

請依此順序準備！

煮飯 ➡ 調製調味醋 ➡ 製作涼拌蟹肉 ➡ 製作涼拌醃蘿蔔 ➡ 切小黃瓜 ➡
白飯調味 ➡ 完成小黃瓜蟹肉醋飯 ➡ 與涼拌醃蘿蔔、水果一同上桌

前晚準備更快速

・製作涼拌醃蘿蔔。
・調製調味醋。

Tuesday

小黃瓜蟹肉醋飯

　　將當季新鮮的小黃瓜切薄片，塞滿醋飯，再擺上孩子們喜歡的蟹肉沙拉，完成這道小黃瓜蟹肉醋飯。不但方便一口一口食用，在鮮嫩的蟹肉沙拉之間，還咬得到飛魚卵的口感，孩子們都愛吃。

請準備以下食材！

主材料	**飯2碗、小黃瓜2根、蟹肉**（蟹肉棒）**6根、洋蔥1/4顆、飛魚卵2大匙、山葵少許、芽菜少許**
調味醋	**食醋2大匙、砂糖2大匙、鹽1大匙、昆布1片、檸檬2片**
調味醬	**美乃滋2＋1/2大匙、檸檬汁1/2小匙、鹽少許、白胡椒粉少許**

1 將調味醋材料倒入耐熱容器中，以保鮮膜覆蓋後，放入微波爐內加熱至砂糖融化後，放涼。

2 蟹肉沿紋路撕成細絲；洋蔥切絲，浸泡於冷水中去除辛辣味。

3 將調味醬材料放入容器中，加入蟹肉、洋蔥、飛魚卵，攪拌均勻，製作蟹肉沙拉。

4 小黃瓜洗淨後，切除前後兩端，以削皮刀削出長片。

5 依個人口味將調味醋適量倒入熱飯中，攪拌後，捏成一口大小。

料理秘訣
小孩吃可省略山葵。

6 以小黃瓜片將醋飯捲起，抹上少許山葵後，擺上蟹肉沙拉、芽菜，即完成。

涼拌醃蘿蔔

　　說到搭配飯捲或一口飯丸、醋飯的配菜，當然是吃起來爽脆的涼拌醃黃蘿蔔最適合了。比起一般醃黃蘿蔔，選用去除大量水分，口感清脆的真空包裝醃黃蘿蔔，吃起來更美味。

請準備以下食材！

主材料　栀子醃黃蘿蔔100g、小黃瓜1/2根

調味醬　砂糖1大匙、食醋1大匙、食用油1小匙、黑芝麻粒1/2小匙

1 栀子醃黃蘿蔔切半圓；小
　黃瓜斜切片。

2 調製調味醬材料。

3 將調味醬倒入醃黃蘿蔔與
　小黃瓜內，攪拌均勻，即
　完成。

料理秘訣
可用蘿蔔泡菜取代醃黃蘿
蔔（作法請參見P175）。

【第一週星期三】 鮑魚粥、涼拌榨菜

提振精神的鮑魚粥

　　孩子考試前，一定要為孩子準備的料理，就是鮑魚粥。

　　沒有其他料理能像鮑魚粥一樣，可以提振孩子精神，又能幫助受考試壓力之苦而消化不良的孩子快速吸收。只是孩子們迷信考試期間吃粥，可能搞砸考試成績（＊指花費比煮飯長的時間熬粥，最後卻吃不到米飯，比喻徒勞無功），因此選在考試前一週料理給孩子吃，提振孩子的精神。不管考試結果如何，媽媽們都願意為孩子準備這道料理，可見媽媽真的是需要耐心和體貼的角色呢！

請依此順序準備！

泡米 ➜ 處理鮑魚 ➜ 製作涼拌榨菜 ➜ 完成鮑魚粥 ➜ 切好水果一同上桌

前晚準備更快速

・泡米。
・製作涼拌榨菜。

鮑魚粥

　　加入芝麻油煮出的熱呼呼的鮑魚粥，其清淡的滋味最是關鍵。再加上營養豐富的內臟一起煮，更能增添獨特的風味。剩下的鮑魚內臟與奶油一起炒，就是一道香噴噴的配菜。

請準備以下食材！

主材料　鮑魚2顆、白米1杯、芝麻油2大匙、湯用醬油2小匙、昆布高湯4杯、鹽少許

料理秘訣
可於前一晚預先泡米，或是一早沒有時間，可浸泡於溫水內10分鐘左右。

料理秘訣
切鮑魚時，請先除去口腔尖銳的牙齒；內臟留一部分與奶油拌炒後食用。或直接使用鮑魚罐頭。

1 白米洗淨泡水。

2 鮑魚先以刷子洗淨後，以湯匙小心挑出內臟，避免內臟破裂，再切成薄片。

3 另一部分的內臟放入篩網，將篩網置於水位半滿的碗內。

4 將芝麻油平均倒入湯鍋內，放入泡好的米、鮑魚拌炒。

5 炒至米粒呈透明色後，一邊倒入昆布高湯3杯，一邊緩緩攪拌至米粒熟透，避免將米粒攪碎。

6 倒入最後1杯昆布高湯時，加入泡過水的內臟、湯用醬油煮，再撒上鹽調味，即完成。

涼拌榨菜

　　涼拌榨菜是中華料理中不可或缺的小菜,就像韓國料理中的醃漬醬菜一樣,口感微鹹且帶有嚼勁,可以經常料理製作為家庭簡單的配菜。

主材料　榨菜100g、小黃瓜1/4根、高麗菜1片、鹽1/2小匙

調味醬　辣油1大匙、砂糖2小匙、辣椒粉1小匙、食醋1大匙、芝麻油1小匙

1 高麗菜切細絲，撒上鹽稍微醃過。

2 榨菜放入冷水中清洗過後，浸泡於2杯份的水中30分鐘，去除鹹味。

3 小黃瓜切絲。

4 將高麗菜、榨菜全部擠乾水分後，放入容器，加入小黃瓜切絲、調味醬材料攪拌均勻。

料理秘訣
可省略辣油及辣椒粉改以麻油及蠔油取代。

【第一週星期四】　蔥花蛋炒飯、涼拌醃小黃瓜

冰箱冷藏室只剩下雞蛋的日子

　　家有青春期小孩的家庭，有時也會遇上冰箱空無一物的日子。對吧？冰箱僅存的兩顆雞蛋宛如救世主般閃耀著光芒的日子，用蔥、食用油爆香，再打入蛋液炒出一道中式炒飯吧！這道炒飯不是逼不得已端出的料理，而是媽媽為了今天早餐特別準備的料理喔！

請依此順序準備！

將醃漬小黃瓜泡入冷水 ➜ 打蛋；切蔥花 ➜ 完成涼拌醃小黃瓜 ➜ 製作蔥花蛋炒飯 ➜ 與水果一起上桌

前晚準備更快速

‧製作涼拌醃小黃瓜。

蔥花蛋炒飯

　　只有雞蛋和蔥二種食材，一樣可以料理出香噴噴的中式炒飯。散發淡淡蔥香的炒飯，不但能在忙碌的早晨輕鬆完成，也比煎蛋淋上醬油，拌著飯一起吃更有誠意，所以早餐經常準備這道主食料理。

主材料　飯1＋1/2碗、大蔥1根、雞蛋2顆、蠔油2小匙、雞粉1/2小匙、鹽少許、胡椒粉少許、芝麻油1小匙、食用油少許

1 蛋液打勻後，以少許鹽調味。

2 大蔥切蔥花。

3 將食用油倒入預熱好的平底鍋內，關小火後倒入蛋液，完成炒蛋，並盛盤。

4 再將食用油倒入平底鍋內，放入蔥花爆香。

5 倒入飯、蠔油、雞粉拌炒均勻。

6 撒上鹽調味後，放入炒蛋拌炒，再倒入芝麻油、胡椒粉拌勻，即完成。

涼拌醃小黃瓜

　　將夏季盛產的小黃瓜買回家，倒入煮開鹽水醃漬成的醃小黃瓜，其口感爽脆且帶有微鹹的滋味，相當開胃，非常適合作為配菜。在沒有配湯的日子，也可以將醃小黃瓜洗淨、切丁，浸泡於冷水中去除鹹味，再製作成小黃瓜冷湯，搭配主菜一起吃。

主材料　醃小黃瓜2根

調味醬　辣椒粉1小匙、蔥花1大匙、蒜末1小匙、砂糖1/2小匙、糖漬梅汁1小匙、芝麻油1小匙、芝麻粒1小匙

1 將醃小黃瓜切成0.3公分的薄片，浸泡於冷水中約10分鐘，將鹹味完全去除。

料理秘訣
可先將小黃瓜切片、抓鹽醃漬，取代醃黃瓜。

2 調製調味醬材料。

料理秘訣
辣椒粉可省略。

3 以棉布包裹去除鹹味的醃小黃瓜，擠掉剩餘的水分後，倒入調味醬攪拌均勻。

【第一週星期五】 簡易海苔飯捲、西瓜汽水

輕鬆試做海苔飯捲套餐

　　外出旅行，到了高速公路休息站用餐時，孩子們必定選擇海苔飯捲。清淡的飯捲搭配香辣的蘿蔔泡菜與醬醃魚板、醬醃魷魚，似乎強烈地吸引著孩子們的味蕾。扣除得醃漬入味才能食用的蘿蔔泡菜，將魷魚與魚板汆燙，再搭配一早迅速包好的海苔飯捲與一杯鮮甜的西瓜汽水，就是一道讓孩子們吃得一乾二淨的早餐。看著將早餐全部吃光的孩子，媽媽今天的心情也是暖洋洋的。

請依此順序準備！

煮飯 ➡ 魷魚、魚板汆燙，以醃醬醃漬 ➡ 西瓜磨汁 ➡ 製作飯捲 ➡
混合西瓜汁與汽水，完成果汁一起上桌

前晚準備更快速

・製作醬醃魷魚魚板。

簡易海苔飯捲

　　海苔飯捲不僅方便拿取食用，滋味也讓孩子們難以抵抗。不過，醃漬後仍必須入味才能食用的蘿蔔泡菜，並不容易在當天早上完成料理。因此，也可以利用魷魚和魚板代替蘿蔔泡菜，以微辣的醬料簡單醃漬後，便可輕鬆完成一道韓式飯捲。

請準備以下食材！

主材料　飯2碗、海苔2片、魷魚1隻、四角魚板薄片1片

飯調味醬　鹽1小匙、芝麻鹽1小匙、芝麻油1小匙

醃　醬　胡椒粉1大匙、辣椒醬1小匙、魚露1/2小匙、蒜末1小匙、蔥花1大匙、
　　　　料理酒1小匙、果糖1小匙、砂糖1/2小匙、鹽少許、芝麻粒1小匙

1 魷魚去皮劃刀後，切成一
口大小，放入滾水中汆燙
後放涼。

2 魚板切成三角形，放入滾
水中汆燙後，放涼。

3 調製醃醬，放入汆燙過的
魚板、魷魚醃漬。

料理秘訣
辣椒醬可省略。

4 將飯調味醬材料加入白飯
中攪拌均勻。

5 海苔切成6等分，平均鋪上
一湯匙的飯量後捲起，與醬
醃魷魚、魚板一起上桌。

Plus Menu

海苔飯捲配菜——蘿蔔泡菜

主材料　白蘿蔔700g
甜醋醬　食醋5大匙、鹽1大匙、砂糖4大匙、水1＋1/4杯
醃　醬　辣椒粉3＋1/2大匙、魚露1/2大匙、砂糖1/2大匙、蒜末1/2大匙、蔥花1大匙、
　　　　鹽1大匙

1 白蘿蔔削皮，切稍厚的半圓片。

2 調製甜醋醬材料，放入白蘿蔔片浸泡一晚，取出，過篩瀝乾。

3 調製醃醬材料，放入瀝乾水分的白蘿蔔片攪拌均勻，置於室溫下醃漬一天（夏
季），再放入冰箱冷藏，即完成（辣椒粉可省略）。

西瓜汽水

　　汗流不止的夏天，最能補充身體水分的水果之一，就是西瓜了。選購表皮色彩鮮明、紋路深邃且熟透的西瓜，切成方塊當作點心，剩餘碎屑則集合起來磨汁，與蘇打汽水攪拌均勻，便可輕鬆完成孩子們喜歡的西瓜汽水。

主材料　西瓜400g、蘇打汽水1罐、冰塊少許

料理秘訣
沒有磨汁機時，可先將
西瓜籽挑除，打成汁後
以細篩過濾。

1 將西瓜切成適當大小，放
入磨汁機內磨成純果汁。

2 與蘇打汽水混合後，倒入
冰塊。

Plus Menu

以當季水果調製一杯冰涼的果汁汽水

夏季是水果的天堂。每天一早，不妨將鮮甜的水果放入磨汁機磨成
純果汁，或以果汁機攪打成汁，再與蘇打汽水混合均勻飲用。水
果本身的甜分較高，將蜂蜜倒入蘇打汽水，再與果汁攪拌，即
可完成一杯冰涼又香甜的果汁汽水。

每到夏天，我照例會製作糖漬梅汁或糖漬檸檬汁、糖漬葡萄
柚汁、糖漬水蜜桃汁。調整水果與砂糖的比例為1比1，放入玻璃罐
中等待熟成一個月後，即可醃漬出濃郁的水果好滋味。將熟成後的糖漬
果汁調入蘇打水內，就是一杯不輸給外面任何一間飲料店的水果汽水。

【第二週星期一】 馬鈴薯起司煎蛋、醬燒辣魚板、豬肉炒茄子

在暑氣暫歇的早晨準備煎餅

　　正如整個冬天並非永遠天寒地凍，夏天也有涼爽的時刻。在暑氣暫歇的某天早晨，用孩子喜歡的配菜來準備這道韓式早餐吧！這道早餐利用孩子喜歡的食材製作配菜，並以特殊的調理方式將孩子討厭的食材變得深受孩子喜愛。當孩子看見媽媽鼻尖上垂掛的汗珠，肯定會把早餐吃個精光吧？

請依此順序準備！

煮飯 ➡ 茄子切片，煎過後放涼 ➡ 醃漬豬肉 ➡ 製作醬燒辣魚板 ➡
完成豬肉炒茄子 ➡ 煎馬鈴薯起司煎蛋 ➡ 盛飯，與馬鈴薯起司煎蛋、
醬燒辣魚板、豬肉炒茄子一起上桌

前晚準備更快速

・製作醬燒辣魚板。
・醃漬豬肉。

Monday

馬鈴薯起司煎蛋

　　鬆軟綿密的馬鈴薯，不論是燉煮還是熱炒、熬湯，都相當美味。尤其是像煎餅一樣做成的馬鈴薯起司煎蛋，因添加起司粉而有濃郁的起司滋味，也加入了雞蛋的營養，是一道可以兼顧滋味與營養的配菜。

請準備以下食材！

主材料　馬鈴薯1顆、火腿片2片、雞蛋2顆、帕瑪森起司粉1小匙、
食用油少許

調味料　鹽少許、胡椒粉少許

> 料理秘訣
> 搭配番茄醬更美味。

1 馬鈴薯、火腿片切細絲。

2 蛋液打勻後，以少許鹽調味。

3 將食用油倒入預熱好的平底鍋內，放入馬鈴薯翻炒後，再放入火腿絲，以帕瑪森起司粉、鹽、胡椒粉調味。

4 將平底鍋內的馬鈴薯與火腿鋪平，均勻倒入蛋液，煎至前後呈金黃色，再切成適合食用的大小。

醬燒辣魚板

　　魚板一般以醬油炒來吃。不過在清淡與甘甜的配菜較多的日子，搭配以辛辣的醬料煮成的醬燒辣魚板，反而能組合出特殊的滋味，孩子也喜歡吃。

請準備以下食材！

主材料	四角魚板2片、洋蔥1/4顆、細蔥1根、芝麻粒1小匙、芝麻油少許、食用油1大匙
醬燒醬	辣椒醬1/2大匙、辣椒粉1/2大匙、醬油1/2大匙、蒜末1小匙、寡糖1小匙

> 料理秘訣
> 魚板以滾水汆燙，可去除其中大部分的食品添加物。

> 料理秘訣
> 可以以韓式烤肉醬取代辣椒醬與辣粉。

1 四角魚板切成手指的寬度；洋蔥切絲；細蔥切成4公分長的細絲；調製醬燒醬。

2 將魚板放入滾水中，稍微汆燙後，撈起。

3 將食用油倒入平底鍋內，放入魚板、洋蔥拌炒後，再放入醬燒醬拌炒。

4 炒至醬燒醬稍微收乾時，倒入細蔥、芝麻油、芝麻粒，再略炒一下後起鍋。

豬肉炒茄子

　　茄子的百分之九十五為水分，看似營養成分不高，實則不然。茄子富含抗癌效果絕佳的花青素，多吃不發胖，又有助於身體健康。雖然軟爛的口感讓部分孩子討厭茄子，不過盡可能將茄子炒到水分收乾，孩子們的接受度會大幅提高喔。

主材料　茄子1根、豬絞肉60g、細蔥1根、食用油少許

豬肉醃醬　鹽1/2小匙、料理酒1小匙、胡椒粉少許

調味醬　蠔油1大匙、醬油1小匙、蔥花1大匙、蒜末1/2小匙、料理酒2大匙、芝麻油1/2小匙

1 調製調味醬材料。

2 茄子切圓片；細蔥切蔥花。

3 將茄子放入預熱好的平底鍋內乾煎，煎至前後呈金黃色後，取出放涼。

4 豬絞肉以豬肉醃醬醃漬20分鐘入味。

5 將食用油倒入預熱好的平底鍋內，放入瀝乾醃醬的豬肉翻炒至湯汁收乾。

6 倒入調味醬材料，煮至調味醬冒泡滾開後，放入煎熟的茄子拌炒，最後撒上蔥花略炒，即可起鍋。

【第二週星期二】 速成生魚片醋飯、蕎麥麵

耍小伎倆變出簡易日式套餐

　　「媽媽，一大早的為什麼特地做醋飯？」苦撐著和孩子一起念書到深夜的媽媽，一大早又爬起來，用讓孩子大吃一驚的醋飯、蕎麥麵套餐擺好早餐餐桌，再把孩子叫醒。這道早餐的秘密，其實只是購買市售處理好的醋飯用生魚片，而蕎麥麵也只是搭配市售的蕎麥麵沾醬而已。但是在孩子面前可不能將秘密拆穿，要若無其事地說：「因為我家女兒很辛苦，所以準備這道料理為你打打氣呀～」等到女兒長大了，會記得媽媽耍小伎倆變出的早餐嗎？

請依此順序準備！

煮飯 ➜ 生魚片解凍 ➜ 調製調味醋 ➜ 切好蘿蔔、海苔、蘿蔔芽菜備用；
調製沾醬 ➜ 煮水 ➜ 製作醋飯 ➜ 煮蕎麥麵

前晚準備更快速

・調製調味醋。
・醋飯用生魚片解凍。
・蘿蔔削泥備用。
・海苔切絲備用。

速成生魚片醋飯

　　只要有調味醋，就能輕輕鬆鬆做出生魚片醋飯，是夏天經常準備的一道料理。醋飯用生魚片可以在超市冷凍食物區買到，只要準備好白飯，料理時間不必5分鐘就可完成。在容易沒有胃口的炎熱夏天，請務必嘗試這道低卡路里又好消化的生魚片醋飯。

請準備以下食材！

主材料　醋飯用生魚片16片、飯1＋1/2碗、山葵1/2小匙

調味醋　食醋2大匙、砂糖2大匙、鹽1大匙、昆布一片、檸檬2片

料理秘訣
可前一晚放入冷藏室解凍；
若準備時間較趕，可直接連
同包裝袋放入冷水中解凍。

1 醋飯用生魚片解凍。

料理秘訣
若以湯鍋加熱，水滾後
即可關火，以餘熱融化
砂糖。

2 將調味醋材料倒入耐熱容
器中，以保鮮膜覆蓋後，
放入微波爐內加熱至砂糖
融化後放涼。

3 依個人口味將調味醋適量
倒入熱飯中攪拌。

料理秘訣
先將調味醋塗抹在捏飯
的手上，捏飯時可避免
醋飯黏手。

4 將醋飯捏成一口大小後，
塗上少許山葵，再擺上生
魚片。

蕎麥麵

　　近來出現許多市售蕎麥麵沾醬，因此在家就能輕鬆享用蕎麥麵。這道蕎麥麵是給醋飯吃不飽的孩子額外搭配的料理，建議份量減半再給孩子吃，不必準備完整的一人份。

請準備以下食材！

主材料 蕎麥麵條1束、蘿蔔50g、山葵少許、海苔1/4片、蘿蔔嬰芽菜少許、
市售蕎麥麵沾醬1/2杯、水1/2杯

1 白蘿蔔以磨泥器磨成泥，
以棉布包裹後，置於流水
下洗淨，再擠乾水分。

2 蘿蔔嬰芽菜切短絲；海苔
切細絲。

3 蕎麥麵條放入滾水中煮熟
後，捲起一束盛盤，再擺
上蘿蔔嬰芽菜。

4 以冷水稀釋蕎麥麵沾醬，
倒入碗中；蘿蔔泥、山
葵、海苔絲另外擺盤。

【第二週星期三】 餐包三明治、藍莓香蕉果汁

小巧且方便食用的餐包三明治套餐

　　孩子小學時偶爾給他們帶去學校當便當的餐包三明治，因為體積小，在孩子尚未完全清醒的早晨，即使不必張大嘴巴，也能方便食用。在假日先將漢堡排切小塊，放入冰箱冷凍，即可隨時取出使用，不過有時我也會使用剩餘的烤牛肉片，因為尺寸正好適用於餐包三明治。當然也可利用蘋果或生菜、芥菜等各種食材，增加三明治內餡的變化。

請依此順序準備！

準備三明治材料 ➜ 清洗藍莓 ➜ 煎牛肉片 ➜ 完成三明治 ➜
完成藍莓香蕉果汁一起上桌

餐包三明治

　　這道大小適合在早晨輕鬆享用的餐包三明治，其內餡以速食烤牛肉片取代漢堡排，並塗上甜甜的草莓醬製成。在特別沒有胃口的某天早上，孩子甚至會主動要求做這道料理，可說是最能擄獲孩子們胃口的料理。

請準備以下食材！

主材料　餐包4個、烤牛肉片2片、結球萵苣2片、起司2片、火腿片4片、草莓醬2大匙

1 將食用油倒入平底鍋內，放入烤牛肉片煎熟切半。

2 餐包剖半，內面塗抹草莓醬置於烤箱烤熱。

3 依序將結球萵苣 ➡ 烤牛肉片 ➡ 起司 ➡ 火腿片夾入三明治的內餡。

> 料理秘訣
> 請將起司對半切成三角形後再使用。可以以番茄、小黃瓜片取代火腿片。

Wednesday

藍莓香蕉果汁

　　進入夏季，新鮮的藍莓開始出現在市面上。圓圓的藍莓可發揮抗氧化效果，是頗受歡迎的健康食品，因此家中也經常準備給孩子吃。藍莓盛產期較短，價格較高，應儘可能購買有機農藍莓，放入冰箱冷凍，可隨時打成果汁。

請準備以下食材！

主材料　藍莓1/2杯、香蕉1根、牛奶2杯、蜂蜜2大匙

1 香蕉剝皮斜切；藍莓洗淨後，瀝乾水分。

2 將香蕉、藍莓、牛奶、蜂蜜倒入果汁機，打成果汁。

> 料理秘訣
> 蜂蜜請依個人口味添加。

【第二週星期四】燻鴨鮮蔬蓋飯、番茄小黃瓜沙拉

連蔬菜也吃得津津有味的清脆蓋飯

　　燻鴨片煎出的油脂被蔬菜吸收，更添誘人滋味的早餐——燻鴨鮮蔬蓋飯。為避免蔬菜軟爛，請用大火快炒出口感清脆且香氣迷人的蓋飯。飯量可比平時少，燻鴨炒鮮蔬則多放一些，再搭配清爽的番茄小黃瓜沙拉……。忙碌的早餐用餐時間，屋內竟一片寧靜，因為孩子們正忙著將碗盤清空呢！

請依此順序準備！

煮飯 → 切好蓋飯用高麗菜、韭菜、彩椒、洋蔥與沙拉用番茄、小黃瓜 → 完成沙拉，放入冰箱冷藏 → 料理燻鴨炒鮮蔬 → 擺在飯上 → 將沙拉、水果盛盤上桌

前晚準備更快速

・切好蔬菜備用。
・製作番茄小黃瓜沙拉，放入冰箱冷藏。

燻鴨鮮蔬蓋飯

　　燻鴨是在沒有配菜可用的早上，只要經過簡單拌炒過後，與蔬菜沙拉一起上桌，就能讓早餐頓時增色不少的絕佳食材。試著放入大把大把的蔬菜快炒，做成蓋飯，燻鴨的美味被蔬菜吸收，孩子們肯定不會將蔬菜挑出喔！

請準備以下食材！

主材料	飯1＋1/2碗、燻鴨200g、高麗菜2片、韭菜50g、彩椒（紅椒、黃椒）各1/4顆、洋蔥1/4顆、芝麻粒1大匙、芝麻油1/2小匙、胡椒粉少許
調味醬	蠔油1大匙、醬油1小匙、果糖1小匙、蒜末1小匙

1 燻鴨切成一口大小；高麗菜、彩椒、洋蔥切長片；韭菜切成相同長度。

2 將燻鴨、高麗菜、洋蔥放入以中火預熱好的平底鍋中略炒，加入調味醬材料續炒至高麗菜變軟。

3 放入彩椒再炒一遍後，放入韭菜、芝麻粒、芝麻油、胡椒粉，以大火快炒。

4 將燻鴨炒鮮蔬擺在白飯上面，即完成。

番茄小黃瓜沙拉

　　利用可減緩身體燥熱的夏季補品——番茄與小黃瓜，便能完成這道超簡單的沙拉料理。在忙碌的早晨，將番茄直接切半與沙拉醬攪拌，也能吃到清爽新鮮的滋味，可用來代替醃小黃瓜配菜。

請準備以下食材！

主材料	小番茄10顆、小黃瓜1/2根
沙拉醬	洋蔥末1大匙、橄欖油2大匙、砂糖2小匙、檸檬汁1大匙、食醋2小匙、鹽1/2小匙、蘿勒粉1/2小匙

1 調製沙拉醬材料。

2 小番茄切半；小黃瓜切成一口大小。

3 將沙拉醬倒入小番茄與小黃瓜攪拌均勻後，放入冰箱冷藏片刻，再取出食用。

【第二週星期五】 三角飯糰、葡萄柚汁

媽媽親手準備的便利商店人氣料理

　　孩子到便利商店最常買來吃的點心，就是三角飯糰。可利用補習班休息時間快速吃完，內餡又包著孩子們喜歡吃的食材，當然受到孩子們的歡迎。幾年前看見超市販售包三角飯糰用的海苔，於是買回家試做，沒想到孩子們的反應相當好。對媽媽來說，製作三角飯糰比飯捲容易；對孩子來說，早餐可以吃得更輕鬆，這不正是一石二鳥的料理嗎？有助於補充夏季身體流失水分的葡萄柚汽水，才能讓孩子們的早餐吃得更健康。

請依此順序準備！

煮飯 ➔ 製作泡菜炒火腿肉 ➔ 製作鮪魚美乃滋內餡 ➔ 葡萄柚去皮，
以磨汁機磨汁 ➔ 白飯調味，完成三角飯糰 ➔ 完成葡萄柚汽水，一起上桌

前晚準備更快速

・製作鮪魚美乃滋內餡、泡菜炒火腿肉。

鮪魚美乃滋、
泡菜火腿肉三角飯糰

　　三角飯糰方便拿著吃，又不必額外準備配菜，所以早餐經常準備這道料理。搭配各種內餡增加變化，當作一星期固定一次的早餐菜單也不錯。天氣炎熱時，可搭配冷湯或飲料；天氣寒冷時，也可搭配韓式味噌醬湯或烏龍麵。

請準備以下食材！

主材料　飯2碗、三角飯糰海苔4片、鮪魚罐頭1/2罐、火腿肉1/4罐、泡菜細丁1杯、食用油少許

飯調味醬　鹽1/2小匙、芝麻油2小匙、芝麻鹽1/2大匙

鮪魚美乃滋醬　洋蔥末1大匙、美乃滋1大匙、砂糖1/2小匙、鹽少許

泡菜火腿肉醬　辣椒粉1/2小匙、砂糖1小匙、芝麻油1/2小匙

1 鮪魚過篩去除油脂，與鮪魚美乃滋醬攪拌均勻。

2 泡菜細丁稍微瀝除醬汁；火腿肉切丁。

3 將食用油倒入平底鍋內，放入泡菜細丁、火腿肉丁、泡菜火腿肉醬材料拌炒。

料理秘訣
將明太魚子醬與美乃滋、蔥花攪拌，做成明太魚子三角飯糰也不錯。如果家中沒有三角飯糰模具，也可以先捏成飯糰形狀，再以海苔包起。

4 將飯調味醬倒入熱飯內拌勻。

5 將三角飯糰模具放在海苔片上，依序放入飯 ➡ 鮪魚美乃滋 ➡ 飯，蓋上蓋子輕壓定型，再拿掉模具，折成三角形，即完成。

6 泡菜火腿肉三角飯糰也以相同方式製作。

葡萄柚汁

　　葡萄柚和西瓜一樣，都是水分含量較多的水果。而葡萄柚也是富含維生素C，可降低膽固醇的健康水果。將葡萄柚切片，可以當作飯後的水果，或是調成甘甜的葡萄柚汽水，搭配三明治或飯糰一起吃也好。

主材料　葡萄柚2顆、蜂蜜4大匙、蘇打水2杯

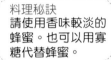

料理秘訣
請使用香味較淡的蜂蜜。也可以用寡糖代替蜂蜜。

1 葡萄柚去皮，以磨汁機磨成汁，或以榨汁機榨取果汁。

2 將蜂蜜倒入葡萄汁中攪拌均勻。

3 再倒入蘇打水，放入冰塊即完成。

【第三週星期一】 雞絲燉雞湯、涼拌青脆辣椒

以燉肉湯代替蔘雞湯的早餐

在炎熱的三伏天，至少要喝一次燉肉湯（＊韓國一般認為在三伏天喝燉肉湯能消除暑氣），把暑氣趕走才行吧！比起不易直接食用的蔘雞湯，早餐不妨用雞腿輕鬆煮出一道雞絲燉雞湯。忙著上學與上補習班，只有早餐才能在家用餐的國高中生，是最需要養身料理的時期。如果一早不方便料理，可以事先燉好雞湯，再將雞肉撕下，放入雞湯內加熱。再搭配富含維生素，又不辛辣的涼拌青脆辣椒，就是一道健康的燉肉湯早餐。

請依此順序準備！

煮飯 ➜ 雞絲燉雞湯煮至第2步驟 ➜ 製作涼拌青脆辣椒 ➜
調製雞絲燉雞湯調味醬 ➜ 細蔥切蔥花 ➜ 盛飯，並將細蔥撒在雞絲燉雞湯上，與涼拌青脆辣椒一起上桌

前晚準備更快速

· 雞絲燉雞湯煮至第2步驟，置於冰箱冷藏。
· 調製雞絲燉雞湯調味醬。

Monday

雞絲燉雞湯

　　雞絲燉雞湯與蔘雞湯不同，已將雞肉全部撕開放入湯內，可以直接喝清淡的湯，或是拌入調味醬，當作早餐食用。用整隻雞燉湯固然也行，不過雞肉易撕開食用，肉質有嚼勁，且能煮出濃郁高湯的雞腿，更方便料理。

請準備以下食材！

主材料 棒棒腿4隻、洋蔥1/2顆、大蒜5瓣、大蔥1根、胡椒粒1/2小匙、細蔥2根

調味醬 辣椒粉1大匙、燉雞湯1大匙、湯用醬油1/2大匙、胡椒粉少許

> 料理秘訣
> 使用鍋底較厚的湯鍋，較容易煮出肉汁。煮至以筷子刺入撕腿肉而無血水時，即可起鍋。

1 棒棒腿洗淨、洋蔥、大蒜、大蔥、胡椒粒、5杯水倒入湯鍋內煮滾，轉中小火煮至棒棒腿肉全熟。

2 取出棒棒腿肉，，放涼，去除雞皮，撕取雞肉絲。

3 將棒棒腿肉絲再次放入已濾除食材的雞湯內，開蓋再煮一下。

4 調製調味醬材料，將完成的雞絲燉雞湯盛入碗中，撒上蔥花，即完成。

Monday

涼拌青脆辣椒

　　辣椒，含有豐富的維生素C。青脆辣椒又被稱為小黃瓜辣椒，味道不辛辣且帶有微甘，是孩子們也喜歡吃的食材。將香氣濃郁的花生粉與甘甜的糖漬梅汁、寡糖調入，為青脆辣椒調味，其爽脆的口感也很適合取代泡菜食用。

請準備以下食材！

主材料　青脆辣椒4根（不辣）

調味醬　韓式味噌醬1＋1/2大匙、糖漬梅汁1小匙、寡糖2小匙、芝麻油1小匙、芝麻粒1小匙、花生粉1小匙

1 調製調味醬材料。

2 青脆辣洗淨後，切除蒂頭，切成圓圈狀，放入容器中。

3 倒入調味醬攪拌均勻。

> 料理秘訣
> 可用糯米椒代替。

【第三週星期二】　烤牛肉片佐紫蘇籽飯丸、越南鮮蔬春捲

充滿異國風味的均衡搭配

　　一早以速食肉片準備早餐，媽媽們總會對孩子感到愧疚。但是早餐有吃總比沒吃好，而且看著孩子吃得津津有味的模樣，媽媽們也放心不少。如果使用孩子喜歡的烤牛肉片，再搭配上健康的食材，也許就不必感到太自責吧？這樣一道料理，就是將富含孩子所需營養素的紫蘇籽滿滿灑進白飯內，然後以調味醬調味後，捏成飯丸的烤牛肉片佐紫蘇籽飯丸，再搭配上包裹蔬菜與水果的越南鮮蔬春捲，媽媽們已足以安慰自己：這道因使用烤牛肉片而缺乏的百分之二營養素，全部都補齊啦！

請依此順序準備！

煮飯 ➜ 切菜 ➜ 完成越南春捲 ➜ 煎速食烤牛肉片 ➜ 飯調味後捏成飯丸 ➜ 越南春捲搭配沾醬，與飯丸一起上桌

前晚準備更快速

・蔬菜切長條後，放入密封容器內備用。

烤牛肉片佐紫蘇籽飯丸

　　紫蘇籽富含有助於孩子腦部發展與提高記憶力的亞麻油酸，以及可增加毛髮光澤、減緩便秘的不飽和脂肪酸。使用孩子們喜歡的烤牛肉片，搭配添加有益身體健康的紫蘇籽捏成的飯丸，便可一次兼顧料理的滋味和營養。

請準備以下食材！

主材料　飯2碗、冷凍烤牛肉片4片、海苔1片

飯調味醬　紫蘇籽油2小匙、炒紫蘇籽2大匙、鹽1小匙

料理秘訣
也可使用牛肉燒烤片，以鹽及胡椒略醃即可。

1 將海苔放入沒有食用油的平底鍋稍微烘烤，再取出切成1公分寬的長片。

2 將食用油倒入平底鍋加熱，放入烤牛肉片，以中火將前後煎熟，再切成三等分。

料理秘訣
使用熱飯才容易捏成飯丸，海苔片不易散開。

料理秘訣
海苔片重疊於飯丸下，再剪去多餘的部分。

3 將飯調味醬材料倒入熱飯中攪拌均勻。

4 捏成一口大小的飯丸後，擺上煎好的烤牛肉片，以海苔片環繞一圈，即完成。

越南鮮蔬春捲

　　在家中剩下較多蔬菜的日子，將越南春捲皮浸泡於溫水中片刻，再捲起蔬菜，即可完成越南鮮蔬春捲。若想製作道地的越南春捲，還得汆燙蝦仁、烤肉，不過這道越南鮮蔬春捲是改良版的媽媽牌蔬菜捲，特地放入許多孩子不太吃的蔬菜，讓孩子一次吃下肚。如果孩子不喜歡只有蔬菜，也可以擠入美乃滋增加風味。

請準備以下食材！

主材料　**彩色甜椒**（紅甜椒、黃甜椒）**各1/4顆、蘿蔓生菜4片、紅蘿蔔1/4根、蘋果1/4顆、越南春捲皮4片、辣椒醬**（Chili Sauce）**2大匙**

料理秘訣
可替換其他蔬果。

料理秘訣
水溫過高易使春捲皮發皺，請留意水溫。

1　彩色甜椒、紅蘿蔔、蘋果分別切絲；蘿蔓生菜洗淨後，瀝乾水分。

2　將越南春捲皮浸泡於溫水中，使其變軟。

3　將生菜、彩色甜椒絲、紅蘿蔔絲、蘋果絲、擺在泡軟的越南春捲皮上面。

4　捲成春捲的形狀，再斜切對半，與辣椒醬一起端上桌享用。

料理秘訣
可使用其他不辣的糖醋醬取代辣椒醬。

213

【第三週星期三】 🍴 簡易碳烤三明治、水蜜桃冰沙

一道道鮮明的碳烤痕，令人食欲大增！

　　將孩子喜歡的食材夾入麵包內，再以三明治電燒烤機烤出略有微焦香痕跡的碳烤三明治，可以不受食材的限制，料理時間又短，相當適合作為早餐。在炎熱的夏天，燒烤三明治時的熱氣固然難受，但是看著一眠大一寸的孩子，那吃得津津有味的小嘴，總讓媽媽感到心滿意足。

請依此順序準備！

處理三明治材料 ➜ 將食材夾入三明治內，放入電燒烤機 ➜ 製作水蜜桃冰沙
　➜ 烤好的三明治與水蜜桃冰沙一起上桌

簡易碳烤三明治

在麵包間夾入喜歡的食材，放上三明治電燒烤機烤出略有微焦香痕跡的碳烤三明治，是一道大人與小孩都喜歡的料理。抹醬若以番茄醬代替芥末醬，還能做出披薩口味的碳烤三明治。

主材料 巧巴達麵包2塊、莫札瑞拉起司1片、番茄1顆、洋蔥1/2顆、火腿片4片、醃小黃瓜2根、芥末醬2大匙、鹽少許、胡椒粉少許

1 莫札瑞拉起司、番茄、洋蔥、醃小黃瓜全部切薄片。

2 巧巴達麵包切半，兩面抹上芥末醬。

料理秘訣
若是家裡沒有三明治電燒烤機，可將三明治放在預熱好的一般燒烤盤上，以較重的鍋蓋輕壓。

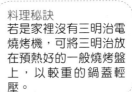

3 放上莫札瑞拉起司、番茄薄片後，撒上少許鹽、胡椒粉。

4 依序擺上洋蔥 ➡ 火腿片 ➡ 醃小黃瓜，再以另一片麵包蓋起，放進三明治燒烤機烤約3分鐘。

水蜜桃冰沙

　　在盛產水蜜桃的夏天，我經常自製糖漬水蜜桃當作點心，或是在忙碌的早晨打水蜜桃果汁給孩子喝。香甜的水蜜桃冰沙，是由市售水蜜桃汁與糖漬水蜜桃製作而成，如果沒有糖漬水蜜桃，也可用砂糖稍微醃水蜜桃再使用。

主材料　糖漬水蜜桃4塊、水蜜桃汁2杯、冰塊6顆

料理秘訣
如果沒有糖漬水蜜桃，
也可以用市售水蜜桃罐
頭代替。

1 將糖漬水蜜桃切成3～4塊。

2 將切好的水蜜桃、水蜜桃汁、冰塊放入果汁機內打汁。

Plus Menu

自製糖漬水蜜桃

料理秘訣
請撈除烹煮時，表
面產生的泡沫。

主材料　水蜜桃5顆、砂糖1杯、水3杯、鹽1/2小匙

1 水蜜桃洗淨後，去皮，切成2～4塊。

2 將砂糖、水、鹽放入湯鍋內煮滾，再放入水蜜桃煮約5分鐘，煮到水蜜桃稍
　微變軟。

3 倒入以熱水消毒過的玻璃瓶內，蓋上瓶蓋後倒放，放涼後，再放入冰箱冷
　藏保存。

【第三週星期四】 鮪魚鮮蔬拌飯、油豆腐味噌湯

沒有比這更簡單製作的早餐

　　為各位介紹一道世界上最簡單的早餐料理吧？

　　取出冷藏室內的蔬菜切絲，倒入醋辣椒醬，再放入瀝乾油脂的鮪魚罐頭，攪拌一下就完成！熱到四肢無力的某天早晨，用鮮脆的蔬菜與鮪魚罐頭，便能完成這道刺激食慾的早餐。再搭配上充滿油豆腐清香的油豆腐味噌湯，製作一道韓式早餐吧。

請依此順序準備！

煮飯 ➡ 調製醋辣椒醬 ➡ 蔬菜切絲 ➡ 油豆腐味噌湯煮至第3步驟 ➡
完成鮪魚鮮蔬拌飯 ➡ 完成油豆腐味噌湯 ➡ 準備水果 ➡
拌飯、味噌湯搭配醋辣椒醬，與水果一起上桌

前晚準備更快速

・調製醋辣椒醬。

Thursday
鮪魚鮮蔬拌飯

　　炎熱的早晨，試試這道不開火也能快速完成的鮪魚鮮蔬拌飯吧？在令人食不下嚥、難以入眠的暑氣中，用新鮮的蔬菜與鮪魚罐頭，搭配又甜又辣的醋辣椒醬當拌飯吃，早餐可是會立刻被清空喔！

請準備以下食材！

主材料　飯2碗、鮪魚罐頭1罐、生菜4片、紅蘿蔔1/4根、芝麻葉2片、高麗菜1片

醋辣椒醬　辣椒醬2大匙、砂糖2小匙、果糖1/2大匙、蒜末1小匙、食醋1大匙、芝麻粒1小匙、料理酒1小匙、芝麻油1小匙

> 料理秘訣
> 也可以放入飛魚卵增加口感。

1 調製醋辣椒醬材料。

> 料理秘訣
> 辣椒醬可以蠔油代替。

2 將生菜、紅蘿蔔、芝麻葉、高麗菜葉洗淨切絲。

3 鮪魚罐頭過篩瀝除油脂。

4 將蔬菜絲均勻擺在飯上，再放上鮪魚罐頭肉，搭配醋辣椒醬上桌。

油豆腐味噌湯

放入美味油豆腐的味噌湯，最適合搭配微辣的拌飯。為避免產生苦澀的味道，味噌醬最後再放入湯裡稍微煮一會。

請準備以下食材！

主材料 油豆腐2片、豆腐1/4塊、細蔥2根、日式味噌醬1＋1/2小匙、烹大師1/2小匙、水3杯

料理秘訣
油豆腐稍微汆燙過再使用，可避免豆腐湯表面浮一層油脂。

1 油豆腐切厚片；豆腐切小塊；細蔥切蔥花。

2 將油豆腐放入滾水中汆燙。

3 將水、烹大師放入湯鍋內煮滾，再放入味噌醬攪拌均勻。

4 放入豆腐，煮滾後放入油豆腐，再煮一下，完成後盛碗，撒上蔥花。

【第三週星期五】 蟹肉散壽司、辣豆腐湯

沁涼的簡易散壽司早餐

　　散壽司鮮艷的外觀容易抓住孩子的目光，相當適合作為夏天的早餐。雖然只用飛魚卵、蟹肉與小黃瓜簡單調味，不過媽媽們也可以用孩子喜歡的海鮮（如蝦仁、魷魚、干貝等）來代替。清爽的散壽司搭配微辣的辣豆腐湯，這道早餐在媽媽的用心準備下，也可以是一道令媽媽自豪的早餐喔！

請依此順序準備！

煮飯 ➡ 蟹肉、飛魚卵解凍 ➡ 調製調味醋 ➡ 挑揀蔬菜（細蔥、香菇、鴻喜菇等） ➡ 辣豆腐湯煮至3步驟 ➡ 完成蟹肉散壽司 ➡ 完成辣豆腐湯 ➡ 與水果一起上桌

前晚準備更快速

・調製調味醋。
・飛魚卵、蟹肉解凍。

蟹肉散壽司

　　胃口不佳的夏天，光是看著擺滿各種鮮豔食材的日式壽司，就會讓人口水直流。只要用蟹肉、小黃瓜、飛魚卵，就能輕鬆增添華麗繽紛的色彩。

請準備以下食材！

主材料	飯2碗、冷凍蟹肉150g、小黃瓜1/2根、飛魚卵4大匙、細蔥2根、芝麻粒1/2大匙
調味醋	食醋1/2大匙、砂糖2大匙、鹽1大匙、昆布1片、檸檬2片

料理秘訣
若是用湯鍋加熱時，水滾後，即可關火，以餘熱的溫度融化砂糖。

1 將調味醋材料倒入耐熱容器中，以保鮮膜覆蓋後，放入微波爐內加熱至砂糖融化後，放涼。

料理秘訣
蟹肉和飛魚卵稍微淋上料理酒，可去除腥味。

2 小黃瓜先斜切片後，切絲；細蔥切蔥花；蟹肉、飛魚卵解凍。

料理秘訣
調味醋不必全部倒完，可依個人口味調整。

3 將調味醋適量倒入熱飯中，攪拌均勻後盛碗。

4 依序將蟹肉 ➜ 小黃瓜絲 ➜ 飛魚卵擺在飯上，再撒上蔥花、芝麻粒。

Friday

辣豆腐湯

　　除了味噌湯外，放入豆腐與綠豆芽煮成的辣豆腐湯，也很適合搭配散壽司一起吃。不僅可以補充缺乏的蛋白質，半冷主菜與熱湯的組合也是一絕。

請準備以下食材！

主材料　豆腐1塊、綠豆芽50g、鴻喜菇30g、大蔥1/2根、蒜末1小匙、乾辣椒1根、水2杯

調味料　豆瓣醬1大匙、雞粉1/2小匙、醬油2小匙、味噌醬1/2小匙

料理秘訣
乾辣椒剪碎後使用。

1 將食用油倒入湯鍋內，放入蒜末、乾辣椒、豆瓣醬拌炒爆香。

2 倒入水、雞粉、醬油、味噌醬煮滾。

3 將豆腐切成一口大小，放入煮滾的湯內。

4 放入綠豆芽、鴻喜菇、斜切的大蔥，稍煮一下後起鍋。

【第四週星期一】 紐約客牛排佐生菜、小黃瓜炒杏鮑菇

趁著青春大口吃肉吧！

　　根據某個養生節目中，一位中醫師親身實驗研究的結果，晚餐吃肉會增加體重與腰圍，反之，早餐或午餐吃肉，則未出現體重或腰圍的變化。早餐吃肉？不會太豐盛嗎？雖然心中這麼想，不過令人出乎意料的是，孩子們都能把這道料理吃光，媽媽準備起來也比其它料理還要輕鬆。相對地，作為碳水化合物的飯量應稍微減少，增加配菜中蔬菜的份量，才能達到營養均衡喔！

請依此順序準備！

煮飯 ➡ 生菜葉、小黃瓜、杏鮑菇洗淨 ➡ 料理小黃瓜炒杏鮑菇 ➡
醃漬牛肉 ➡ 調製調味醬 ➡ 烤肉 ➡ 完成涼拌生菜後擺盤

前晚準備更快速

・製作小黃瓜炒杏鮑菇。
・生菜葉洗淨，瀝乾水分後冷藏備用。

Monday

紐約客牛排佐生菜

想要在短時間內煎得柔嫩可口、牛肉內部也熟透的話，最好購買較薄的烤肉片。涼拌生菜除了必備的芝麻葉與生菜葉外，應多準備羽衣甘藍、萵苣等各類生食蔬菜，讓孩子吃各式各樣的蔬菜攝取不同的營養素。

請準備以下食材！

主材料 牛燒烤肉片2片、生菜葉（生菜、萵苣等）100g、芝麻粒1大匙、紫蘇籽油1小匙

牛肉醃醬 鹽少許、胡椒粉少許、芝麻油1小匙

調味醬 醬油2小匙、魚露1/2小匙、辣椒粉2小匙、砂糖1/2大匙、食醋1/2大匙

1 牛肉以牛肉醃醬材料醃漬入味。

2 調製調味醬材料。

> 料理秘訣
> 可省略辣椒粉。

3 將生菜葉浸泡於冰水內，再取出瀝乾，撕成一口大小後，倒入調味醬攪拌均勻。接著倒入芝麻粒、紫蘇籽油，再攪拌一次。

4 將牛肉放入預熱好的平底鍋內煎熟，切成一口大小後，與涼拌生菜一起盛盤。

Monday
小黃瓜炒杏鮑菇

在有孩子們喜歡的肉類料理的日子，試著再端上一道孩子不太愛吃的配菜吧！將小黃瓜與杏鮑菇拌炒，就是清淡又香氣撲鼻的配菜。

請準備以下食材！

主材料 小黃瓜1/2根、杏鮑菇1株、蒜末1小匙、芝麻油1小匙、芝麻粒1/2小匙、鹽少許、胡椒粉少許、食用油少許

> **料理秘訣**
> 杏鮑菇氽燙後再炒，可避免料理過程中產生大量水分。

1 小黃瓜切片；杏鮑菇切成一口大小。

2 小黃瓜放入少許鹽，醃漬後，再擠乾水分。

> **料理秘訣**
> 為保留小黃瓜的鮮綠與清脆，請於醃漬後再炒。

3 將杏鮑菇放入滾水中氽燙，取出擠乾水分後，放入少許鹽、芝麻油（1/2小匙）攪拌均勻。

4 將食用油倒入平底鍋內，以蒜末爆香後，放入小黃瓜、杏鮑菇拌炒，再放入芝麻油（1/2小匙）、芝麻粒，轉大火快炒起鍋。

233

【第四週星期二】 魚蝦醬拌飯、豆腐漿飲

媽媽勞累時，也能輕鬆完成的一餐！

　　媽媽也是人，有時健康難免亮起紅燈。但是不能因為這樣，就讓孩子隨便吃過早餐上學去……。為各位介紹一道最適合這種時候準備的早餐——魚蝦醬拌飯。將放置於冰箱冷藏室一角的魚蝦醬切碎，或是利用平時購買備用的拌飯用魚蝦醬，搭配嫩葉蔬菜或芽菜沙拉，最後撒上海苔屑，增添料理的美味，就能完成一道拌飯。配上一杯倒入果汁機即可完成的豆腐漿飲，就不必太擔心魚蝦醬所含的鹽分。

請依此順序準備！

煮飯 ➜ 綜合蔬菜洗淨備用 ➜ 製作豆腐漿飲 ➜ 魚蝦醬拌飯盛盤 ➜
與水果一起上桌

魚蝦醬拌飯

近來市面上販售許多魷魚醬和章魚醬，由於切得較碎，方便直接倒在飯上拌著吃。不必另外調味，只要拌入滿滿的蔬菜，即可降低對魚蝦醬所含鹽分的憂慮。

請準備以下食材！

主材料 飯2碗、綜合嫩葉蔬菜2杯、拌飯用魚蝦醬4大匙、調味海苔屑1/2杯、芝麻油2小匙、芝麻粒1小匙

料理秘訣
可用XO醬取代拌飯用魚蝦醬。

1 綜合嫩葉蔬菜置於冷水中清洗，再取出瀝乾水分。

2 將綜合嫩葉蔬菜、海苔屑放在飯上，再擺上各2大匙的拌飯用魚蝦醬，最後撒上芝麻油與芝麻粒。

豆腐漿飲

　　以豆腐代替黃豆放入果汁機內打汁，即可輕鬆完成這道豆腐漿飲。滋味濃郁且營養滿分的豆腐漿飲，搭配三明治或年糕吃都不錯。

請準備以下食材！

主材料　豆腐1塊、牛奶1+1/2杯、花生奶油醬1大匙、炒黃豆粉2大匙、芝麻粒1大匙、鹽少許

1 將豆腐、牛奶、花生奶油醬、炒黃豆粉、芝麻粒放入果汁機中打汁，再以鹽調味。

【第四週星期三】 鮪魚沙拉三明治、小番茄汁

戰勝體育課的能量三明治餐

　　這是一道以鮪魚罐頭製作沙拉，再夾入吐司的三明治料理。孩子想吃清爽的三明治時，不妨以蔬菜與水果來製作鮪魚沙拉；偶爾也可以將鮪魚沙拉放在吐司上，再撒上乳酪絲，烤成金黃色的焗烤鮪魚起司。再搭配吃得到冰塊清脆口感的小番茄汁，能讓孩子一早充滿活力，即使孩子上午有體育課，媽媽也可以完全放心。

請依此順序準備！

羅馬生菜、芽菜、小番茄洗淨備用 ➜ 製作鮪魚沙拉 ➜ 調製抹醬 ➜
完成鮪魚三明治，以砧板壓平 ➜ 小番茄切半，打成果汁 ➜ 三明治切半盛盤

前晚準備更快速

・小番茄、三明治蔬菜洗淨，置於冰箱冷藏。
・調製抹醬。

鮪魚沙拉三明治

　　使用孩子喜歡的鮪魚，加上滿滿新鮮清脆的芽菜，即可完成鮪魚沙拉三明治。比起完全成熟的蔬菜，芽菜的維生素、礦物質含量更高達3～4倍。雖然將沙拉加入三明治裡，特殊的蔬菜味可能造成孩子挑食，不過鮪魚可稍微掩蓋蔬菜味，孩子當然吃得津津有味囉！

主材料　鮪魚罐頭1罐、全麥吐司4片、羅蔓生菜4片、芽菜1/2杯、蘋果1/2顆、起司片2片

鮪魚沙拉調味醬　美乃滋3大匙、醃小黃瓜末3大匙、洋蔥末2大匙、橄欖油1/2小匙、辣椒醬（Hot Sauce）1/3小匙、檸檬汁1小匙、鹽少許、胡椒粉少許

抹　醬　美乃滋2大匙、芥末籽醬1大匙、砂糖1小匙、白胡椒粉少許

> 料理秘訣
> 將鮪魚罐頭的湯汁完全擠乾，
> 可減少三明治內餡的水分。

1 將鮪魚罐頭過篩瀝乾油脂，加入鮪魚沙拉調味醬材料拌勻。

2 將抹醬材料抹均勻。

3 將蘿蔓生菜與芽菜洗淨，瀝乾；蘋果切片。

4 全麥吐司烘烤加熱，塗抹適量的抹醬。

5 依序擺上蘿蔓生菜 ➜ 鮪魚沙拉 ➜ 芽菜 ➜ 蘋果 ➜ 起司，並將塗抹好抹醬的全麥吐司蓋上。

6 以濕棉布包裹，放在砧板上壓平。待內餡平整後，再切半，盛盤。

小番茄汁

主材料　小番茄2杯、水1/2杯、寡糖3大匙、冰塊4顆

1 小番茄洗淨後，摘除蒂頭。
2 將小番茄、水、寡糖放入果汁機攪打成汁，倒入杯中，放入冰塊拌勻，即完成。

【第四週星期四】 豆腐咖哩炒飯、葡萄蔬果醬沙拉

米飯不夠時的營養豆腐炒飯料理

　　再怎麼計算米飯的使用量，一個月總會有一兩天面臨米飯不夠的窘境。在這種時候，當然是用炒飯或煮粥來克服危機，而散發咖哩香氣的豆腐咖哩炒飯，更是孩子特別喜歡的炒飯料理之一。再搭配以當季盛產的葡萄製作而成的沙拉，就是一道不輸咖啡館餐點的早餐。

請依此順序準備！

蝦仁解凍 ➔ 冷凍飯解凍 ➔ 調製沙拉醬 ➔ 處理炒飯材料 ➔
葡萄、綜合蔬菜洗淨 ➔ 完成豆腐咖哩炒飯 ➔ 完成沙拉，與泡菜一同上桌

前晚準備更快速

・調製沙拉醬。
・蝦仁解凍。

豆腐咖哩炒飯

　　米飯稍微不夠的日子，只要準備一道放滿豆腐的炒飯，就能完美解決早餐。將豆腐水分完全炒乾，是讓這道炒飯更加美味的關鍵。蔬菜以用家中剩餘的蔬菜代替，也可以製作出令人驚豔的炒飯。

主材料　飯1＋1/2碗、豆腐1/2塊、冷凍蝦仁（中蝦）5隻、芝麻葉4片、
紅蘿蔔1/4根、玉米罐頭2大匙、咖哩粉2大匙、鹽少許、胡椒粉少許、
食用油少許

1 豆腐搗碎；蝦仁解凍後，
切小塊；紅蘿蔔與芝麻葉
切碎；玉米罐頭瀝乾水
分，備用。

2 將豆腐放入預熱好的平底
鍋內，炒至水分收乾後，
以鹽、胡椒粉調味。

3 將食用油倒入另一平底鍋
內，先放入紅蘿蔔、蝦仁
拌炒，再放入飯、咖哩粉
拌炒。

4 放入炒乾的豆腐、玉米
粒、芝麻葉，再炒一遍，
最後以鹽調味，即完成。

葡萄蔬果醬沙拉

試著在盛產葡萄的夏季，將色彩繽紛的葡萄放入沙拉內，做出這道漂亮的葡萄蔬果醬沙拉吧！使用於沙拉的葡萄，請儘可能選用無籽葡萄，或是將葡萄籽剔除，讓孩子在忙碌的早晨更方便食用。

主材料 青葡萄及紫葡萄各1/3串、綜合生食蔬菜2杯

沙拉醬 奇異果1顆、鳳梨片1/2片、葡萄籽油2大匙、檸檬汁1大匙、洋蔥末1大匙、砂糖1大匙、鹽1/3小匙

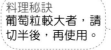

料理秘訣
葡萄粒較大者，請切半後，再使用。

1 將奇異果、鳳梨片、葡萄籽油倒入果汁機中攪打成汁，再倒入檸檬汁、洋蔥末、砂糖、鹽攪拌均勻，調製沙拉醬。

2 用剪刀剪下葡萄粒，洗淨備用。

3 將綜合生食蔬菜置於冷水中洗淨，再取出，瀝乾水分。

4 將綜合生食蔬菜與葡萄放入餐盤，淋上沙拉醬，即完成。

【第四週星期五】 飛魚卵豆皮壽司、半熟蛋沙拉

別有巧思的豆皮壽司料理

　　孩子就讀小學時，曾經說過班上同學最討厭的戶外教學便當，就是豆皮壽司。將市售豆皮壽司附贈的調味粉倒入豆皮壽司內，簡單完成戶外教學便當，媽媽們如此缺乏用心的料理，孩子們似乎也能感受得到。雖然不是什麼了不起的食材，不過將綜合蔬菜炒過，連同飛魚卵一起包入壽司內製成的飛魚卵豆皮壽司，足以讓孩子感受到媽媽的誠意。再搭配上煎得柔嫩的半熟雞蛋與佐以美味沙拉醬的生菜沙拉，便是一道令人目不暇給的愛心料理。

請依此順序準備！

煮飯 ➡ 洋蔥、紅蘿蔔炒熟放涼 ➡ 調製沙拉醬 ➡
煎培根；番茄、嫩葉蔬菜洗淨 ➡ 完成飛魚卵豆皮壽司 ➡ 煎蛋，完成沙拉

前晚準備更快速

・洋蔥、紅蘿蔔炒熟備用。
・調製沙拉醬。

飛魚卵豆皮壽司

利用市售豆皮壽司材料，雖然也可以完成豆皮壽司，不過稍微花點心思，就能製作出營養與滋味兼具的優質豆皮壽司。將家中剩餘的蔬菜切碎，炒熟後與飛魚卵放入豆皮壽司內，即可完成這道飛魚卵豆皮壽司，既簡單又誠意十足。

主材料 飯2碗、調味油豆腐10片、飛魚卵4大匙、洋蔥1/4顆、紅蘿蔔1/8根、
海苔香鬆1包、食用油少許、鹽少許

1 紅蘿蔔、洋蔥切碎。

2 將少許食用油倒入預熱好
的平底鍋內，放入洋蔥、
紅蘿蔔拌炒，再以鹽調
味，放涼備用。

3 將炒過的洋蔥與紅蘿蔔、
海苔香鬆、飛魚卵倒入熱
飯內，攪拌均勻。

4 捏成一口大小填入油豆腐
皮內，即完成。

Friday

半熟蛋沙拉

　　早上吃雞蛋，據說有助於頭腦的運轉。將煮得柔嫩的半熟蛋放入嫩葉蔬菜內，淋上鮮甜美味的沙拉醬即完成此道半熟蛋沙拉，可充分補充孩子缺乏的蛋白質。

請準備以下食材！

主材料　雞蛋2顆、小番茄5顆、嫩葉蔬菜2杯、培根2條

沙拉醬　美乃滋3大匙、芥末醬1/2大匙、檸檬汁1大匙、鹽1/3小匙、砂糖1/2小匙、胡椒粉少許

1 調製沙拉醬。

2 小番茄切半；培根煎過再切碎；嫩葉蔬菜洗淨後，瀝乾水分。

料理秘訣
一般使用篩網煮出外型美觀的水煮蛋，不過早晨較忙碌時，也可以將雞蛋打入湯杓內，輕輕晃動煮至雞蛋半熟。

3 將水倒入湯鍋內，煮滾後關火，倒入1/2小匙的食醋，再將雞蛋打入篩網內燙至半熟。

4 葉蔬菜盛盤，再擺上半熟蛋，淋上沙拉醬，最後撒上培根碎末，即完成。

COOKING scheduler

春天 Spring

Monday

蘿蔔炒培根
芙蓉蒸蛋
韭菜櫛瓜煎餅
泡菜

煎德式香腸
醬佐泥咖蚶
泡菜豆渣湯

炒銀魚乾
魷魚韭菜煎餅
魚子蛋花湯
泡菜

速成雜菜冬粉
醬燒雞肉沙拉
蔓越莓雞肉沙拉
腰子貝海帶湯

Tuesday

漢堡排蓋飯
泡菜
水果

泡菜鮪魚石鍋飯
牛肉黃豆芽湯
水果

火腿肉蛋捲
蛤蜊湯
水果

豬排丼飯
泡菜
水果

Wednesday

三明治日
!!!

泡菜熱狗堡
柳橙汁

貝果三明治
大蒜濃湯
水果

烤牛肉三明治
草莓沙拉
豆漿

培根蛋吐司
起司沙拉
草莓優格

Thursday

韭菜牛肉拌飯
滑豆腐海鮮湯

焗烤鮮蔬炒飯
玉米沙拉
水果

香辣滑蛋蓋飯
辣醬拌莧菜
水果

鮪魚炒飯
涼拌珠蔥黃豆芽
水果

Friday

魷魚海苔一口飯丸
牛蒡大醬湯
水果

鮪魚咖哩飯煎餅
鮮蝦沙拉
水果

菜包牛蒡牛肉飯
春白菜韓式味噌醬湯
水果

乾拌菜飯捲
血蚶湯

Sat /Sun

COOKING scheduler

三明治日

夏天 Summer

Monday	Tuesday	Wednesday	Thursday	Friday	Sat /Sun
涼拌鮮蝦青花菜 馬鈴薯炒魷魚板 小黃瓜海帶冷湯	小黃瓜蟹肉醋飯 涼拌醃蘿蔔 水果	鮑魚粥 涼拌榨菜 水果	蔥花蛋炒飯 涼拌醃小黃瓜 水果	簡易海苔飯捲 西瓜汽水	
馬鈴薯起司煎蛋 醬燒辣魚板 豬肉炒茄子	速成生魚片醋飯 蕎麥麵	餐包三明治 藍莓香蕉果汁	燻鴨鮮蔬蓋飯 番茄小黃瓜沙拉 （泡菜） 水果	三角飯糰 葡萄柚汁	
雞絲燉雞湯 涼拌青脆辣椒	烤牛肉片佐紫蘇籽飯丸 越南鮮蔬香捲	簡易碳烤三明治 水蜜桃冰沙	鮪魚鮮蔬拌飯 油豆腐味噌湯 水果	蟹肉散壽司 辣豆腐湯 水果	
紐約客牛排佐生菜 小黃瓜炒杏鮑菇	魚蝦醬拌飯 豆腐漿飲 水果	鮪魚沙拉三明治 小番茄汁	豆腐咖哩炒飯 葡萄蔬果醬沙拉 泡菜	飛魚卵豆皮壽司 半熟蛋沙拉	

COOKING scheduler

秋天 Autumn

（＊食譜請參見下冊）

Monday

蟹肉秀珍菇煎餅
醬燒豆腐丁
紫蘇籽蘿蔔菜大醬湯

培根炒滾菜
地瓜煎餅
牛肉蘿蔔湯
泡菜

炒小香腸年糕
紫蘇籽炒蘿蔔絲
香菇湯
泡菜

涼拌牛肉山芹菜
泡白菜炒火腿
乾白菜牛骨湯

Tuesday

火腿鮮蔬飯捲
蘑菇起司歐姆蛋
水果

鮪魚起司魚卵飯
波菜豆腐大醬湯

火腿肉飯糰
柿餅沙拉
水果

豬排沙拉飯捲
魚板烏龍麵
水果

三明治日！！

Wednesday

南瓜濃湯
口袋三明治
水果

牛肉蔬菜粥
蘋果丁泡菜

法式草莓醬吐司
泰式豆腐番茄沙拉

英式馬芬三明治
地瓜事鐵
水果

Thursday

醬燒松板肉蓋飯
涼拌蘿蔔絲
水果

奶油醬燒牛肉拌飯
涼拌海苔青蔥
水果

蘑菇起司蛋包飯
白菜湯

炸雞美乃滋蓋飯
泡菜沙拉
水果

Friday

米漢堡
蛋花湯
水果

煎起司飯丸
香蕉蔬果汁

杯飯
豆腐起司輕食
水果

涼拌菜豆皮壽司
地瓜沙拉

冬天 Winter

COOKING scheduler

三明治日!!!

（* 食譜請參見下冊）

Monday	Tuesday	Wednesday	Thursday	Friday	Sat /Sun
煎藕片 鮪魚燒豆腐 涼拌酸豆菜泡菜	年糕排骨咖哩醬蓋飯 杏鮑菇沙拉 泡菜	麻糬吐司 水果沙拉 熱巧克力	紫蘇小年糕湯 涼拌青蔥魷魚絲 泡菜	鮮蔬培根包飯 明太魚馬鈴薯湯 水果	
醬燒鮭魚 鍋巴湯 炒櫛瓜 涼拌白菜	海藻麵疙瘩湯 醬油雞蛋 泡菜	地瓜濃湯 結頭菜沙拉	田螺大豆醬蓋飯 芙蓉嫩芽沙拉 泡菜	漬物飯捲 魚板湯 水果	
蘿蔔葉飯 炒明太魚乾 海苔絲綠豆涼粉	嫩豆腐清湯 牛肉蔬菜煎餅 涼拌小黃瓜	烤切糕+蜂蜜 紅柿醬沙拉 豆漿麵湯	黃豆芽湯飯 泡菜鮪魚煎餅 水果	泡菜起司飯捲 豆腐牡蠣湯 水果	
檸賣凍飯 培根炒豆腐	年糕水餃牛骨湯 牡蠣煎餅 泡菜	紅豆甜湯 肉桂糖霜吐司 水果	海鮮炒飯 雞肉高麗菜沙拉 水果	泡菜鍋烏龍麵 飛魚卵飯丸 （水果）	

365天 媽媽牌愛心早餐 上

作　　者／多紹媽咪 柳京娥
譯　　者／林侑毅
選　　書／陳雯琪
主　　編／陳雯琪

行銷企畫／洪沛澤
行銷副理／王維君
業務經理／羅越華
總 編 輯／林小鈴
發 行 人／何飛鵬
出　　版／新手父母出版
　　　　　城邦文化事業股份有限公司
　　　　　台北市民生東路二段141號8樓
　　　　　電話：（02）2500-7008　傳真：（02）2502-7676
　　　　　E-mail：bwp.service@cite.com.tw
發　　行／英屬蓋曼群島商家庭傳媒股份有限公司城邦分公司
　　　　　台北市中山區民生東路二段141號11樓
　　　　　書虫客服務專線：02-25007718；25007719
　　　　　24小時傳真專線：02-25001990；25001991
　　　　　讀者服務信箱 E-mail：service@readingclub.com.tw
劃撥帳號／19863813；戶名：書虫股份有限公司

香港發行／城邦（香港）出版集團有限公司
　　　　　香港灣仔駱克道193號東超商業中心1樓
　　　　　電話：(852)2508-6231　傳真：(852)2578-9337
　　　　　電郵：hkcite@biznetvigator.com
馬新發行／城邦（馬新）出版集團 Cite(M) Sdn. Bhd. (458372 U)
　　　　　11, Jalan 30D/146, Desa Tasik,
　　　　　Sungai Besi, 57000 Kuala Lumpur, Malaysia.
　　　　　電話：(603) 90563833　傳真：(603) 90562833

封面、版面設計／徐思文
內頁排版／陳喬尹
製版印刷／科億彩色製版印刷有限公司
初版一刷／2016年12月
定　　價／420元

城邦讀書花園
www.cite.com.tw

ＩＳＢＮ　978-986-5752-47-7

國家圖書館出版品預行編目資料

365天媽媽牌愛心早餐（上）／多紹媽咪, 柳京娥著；林侑
毅譯. -- 初版 . -- 臺北市：新手父母, 城邦文化出
版：家庭傳媒城邦分公司發行, 2016.12
面；　公分

ISBN 978-986-5752-47-7（平裝）

1.食譜

427.1   105022773